城镇智慧水务技术指南

Guidelines for Urban Smart Water

中国城镇供水排水协会　组织编写

中国建筑工业出版社

图书在版编目（CIP）数据

城镇智慧水务技术指南 = Guidelines for Urban Smart Water / 中国城镇供水排水协会组织编写. — 北京：中国建筑工业出版社，2023.8
ISBN 978-7-112-28918-9

Ⅰ.①城… Ⅱ.①中… Ⅲ.①城市用水一水资源管理一中国一指南 Ⅳ.①TU991.31-62

中国国家版本馆 CIP 数据核字（2023）第 125537 号

为响应和落实党中央、国务院关于数字中国建设的顶层设计，中国城镇供水排水协会组织及时编制了《城镇智慧水务技术指南》。本书由概论、总体设计、数字化建设、智能化控制、智慧化决策、信息安全与运营维护、智慧水务应用7个篇章组成，涵盖了城镇智慧水务建设的总体设计、技术要求以及集成应用。

本书侧重于城镇智慧水务建设实施中，关键技术的要求以及根据业务领域结合场景集成应用，注重实用性与前瞻性。

本书可供涉及城镇智慧水务的水务企业、研究院所、科技公司的实际工作者使用，亦可供城镇智慧水务建设具体项目作为参考。

In response to the top-level design of building a digital China by the CPC Central Committee of China and the State Council, the China Urban Water Association has organized the compilation of the "Guidelines for Urban Smart Water". The Guidelines are a comprehensive manual that includes seven chapters, namely Introduction, Overall Design, Digital Construction, Intelligent Control, Smart Decision-making, Information Security and Operation Maintenance and Smart Water Application. It covers the overall design, technical requirement, and integrated applications of urban smart water construction.

The Guidelines focuses on the requirements of key technologies in the implementation of urban smart water construction and the integration of applications based on scenarios, emphasizing practicality and foresight.

The Guidelines can be used by practical workers in water enterprises, research institutes, and technology companies involved in urban smart water services, and can also serve as a reference for specific projects in urban smart water construction.

责任编辑：王美玲　于　莉
责任校对：芦欣甜
校对整理：张惠雯

城镇智慧水务技术指南
Guidelines for Urban Smart Water
中国城镇供水排水协会　组织编写
*
中国建筑工业出版社出版、发行(北京海淀三里河路9号)
各地新华书店、建筑书店经销
北京红光制版公司制版
北京中科印刷有限公司印刷
*
开本：787毫米×1092毫米　1/16　印张：12　字数：218千字
2023年7月第一版　2023年7月第一次印刷
定价：**98.00**元
ISBN 978-7-112-28918-9
(41278)

版权所有　翻印必究
如有内容及印装质量问题，请联系本社读者服务中心退换
电话：(010)58337283　QQ：2885381756
（地址：北京海淀三里河路9号中国建筑工业出版社604室　邮政编码：100037）

编 制 单 位

组织编写： 中国城镇供水排水协会

主编单位： 中国市政工程中南设计研究总院有限公司

参编单位： 北控水务集团有限公司
北京清控人居环境研究院有限公司
上海城投水务（集团）有限公司
深圳环境水务集团有限公司
武汉市水务集团有限公司
中国电信集团有限公司
武汉众智鸿图科技有限公司
中国市政工程华北设计研究总院有限公司
长江生态环保集团有限公司
哈尔滨工业大学
华中科技大学
北京工业大学
中国城市规划研究院
北京城市排水集团有限责任公司
北京市市政工程设计研究总院有限公司
重庆水务集团股份有限公司
福州水务集团有限公司
青岛水务集团有限公司
珠海卓邦科技有限公司
北京百度网讯科技有限公司
武汉科迪智能环境有限公司
上海市政工程设计研究总院（集团）有限公司

佛山水务环保股份有限公司
厦门市政水务集团有限公司
武汉圣禹排水系统有限公司
上海凯泉泵业（集团）有限公司
上海锐铼水务科技有限公司
上海威派格智慧水务股份有限公司
武汉华信数据系统有限公司
浪潮城市服务科技有限公司
金卡水务科技有限公司

编 制 人 员

主　　编： 简德武　章林伟

参　　编： 张辛平　龙程理　刘伟岩　汪　力　黄　诚
梁岩松　冼　峰　林　峰　周　强　杨　剑
扈　震　王浩正　陈燕波　范毅雄　高　兰
李鑫玮　索学越　赵云飞　尹轶夙　肖　敏
李向东　王平平　张亚威　陆　露　高　伟
魏桂芹　李　铭　田　禹　周爱姣　王　昊
龚道孝　王欢欢　梁　毅　李　骜　庞子山
魏忠庆　夏正启　许冬件　李　超　杨卫民
张晔明　徐廷国　谢译德　刘　亮　周　超
魏小凤　谢善斌　马　悦　李芳芳　孙建东
王　冰　徐海洋　谭松柏　曲　强　贝大卫
熊朝阳　黄艳林　何　芳　朱晓鹏　刘广齐

审 定 专 家

曲久辉 中国工程院院士、美国国家工程院院士、中国水协科技发展战略咨询委员会主任委员、中科院生态中心教授

任南琪 中国工程院院士、中国水协科技发展战略咨询委员会副主任委员、哈尔滨工业大学教授

侯立安 中国工程院院士、中国水协科技发展战略咨询委员会委员、火箭军工程大学教授

彭永臻 中国工程院院士、中国水协科技发展战略咨询委员会委员、北京工业大学教授

马　军 中国工程院院士、中国水协科技发展战略咨询委员会委员、哈尔滨工业大学教授

徐祖信 中国工程院院士、中国水协科技发展战略咨询委员会委员、同济大学教授

李　艺 全国工程勘察设计大师、中国水协科技发展战略咨询委员会副主任委员、北京市市政工程设计研究总院教授级高工

黄晓家 全国工程勘察设计大师、中国水协科技发展战略咨询委员会委员、中国中元国际工程有限公司教授级高工

王连宝 中国航天科工集团第三研究院总师研究员

徐　辉 中国城市规划设计研究院信息中心主任、教授级高工

霍明昕 东北师范大学教授

张树军 北京城市排水集团研发中心高级技术主任、教授级高工

《城镇智慧水务技术指南》
专家评审意见

2023 年 3 月 7 日，中国城镇供水排水协会（以下简称中国水协）在武汉通过线上、线下结合的方式组织召开了《城镇智慧水务技术指南》（以下简称《指南》）专家评审会。由中国水协科技发展战略咨询委员会组成的专家组审阅了技术资料，听取了《指南》编制组的汇报，经质询与讨论，形成如下意见：

1.《指南》明确了城镇智慧水务的总体架构、保障体系以及数字化建设、智能控制和智慧决策的技术要求，系统说明了城镇供水、城镇水环境、排水（雨水）防涝等领域的智慧应用。《指南》所提出的顶层设计、技术体系和实施路径系统全面，符合行业发展需求。

2.《指南》提出了“城镇水务信息模型（CIM-water）”概念，对实现数据互通、提升水务数据价值等具有很强的实用性和行业前瞻性。

3.《指南》填补了我国城镇智慧水务建设与应用的空白，处于国际同行前列。《指南》的发布实施对推动城镇水务高质量发展具有重要作用和意义。

建议根据专家意见完善后，尽快出台发布。

组长：

2023 年 3 月 7 日

序

水是生命之源、生产之要、生态之基，是支撑城镇经济社会发展不可或缺的基础要素。党的二十大报告指出，要“加强城市基础设施建设，打造宜居、韧性、智慧城市”。智慧城市是综合运用现代科学技术，以创新思维、科技赋能来加强和统筹城市规划、建设和管理的新模式。智慧水务是智慧城市的重要组成部分，通过数字化手段，对城市的供水、排水设施系统的运行全程进行实时监测，及早发现问题和解决问题，让城市的保供、保畅、保安全的能力大幅度提高，以智慧手段提高城市的韧性，也是推进城市生命线安全工程建设的重要内容。智慧水务建设是新一代工业革命推动城镇供水排水行业高性能发展的必然趋势，也是城镇供水排水行业高质量发展的内在要求，有利于推动满足人民群众对美好生活的期盼，有利于促进城镇供水排水行业转型升级，有利于提升城镇水资源综合承载能力，切实落实习近平总书记提出的“以水定城、以水定地、以水定人、以水定产”的城镇水资源开发利用与节约的一系列重要指示。

为响应和落实党中央、国务院关于数字中国建设的顶层设计，中国城镇供水排水协会及时组织编制了《城镇智慧水务技术指南》（以下简称《指南》）。为了更好地与城市信息模型（City Information Modeling，CIM）基础平台进行有机融合，在《指南》中创新性地提出了“城镇水务信息模型（CIM-water）”概念，明确了城镇水务以数字化为底座、以智能控制为引擎、以智慧管控为目标的内涵，以及三者之间的内在链条关系，系统地阐述了智慧水务建设思路、技术与实施路径，并通过具体应用场景对智慧水务技术应用进行了解析和展示。

《指南》与《城镇水务系统碳核算与减排路径技术指南》以及近日发布的系列团体标准等，作为落实和践行《城镇水务 2035 年行业发展规划纲要》的系列技术丛书，对指导和推动城镇水务行业落实国家战略部署、推动城镇水务行业支撑新时代城镇建设方面提供借鉴和参考，也是中国城镇供水排水协会作为支撑城镇水务绿色、健康、智慧发展的全国性行业性社会组织，紧密围绕行业发展，在发挥桥梁纽带与行业引领作用，支撑政府政策制定、引领规范行业发展等方面的主动作为。

相信《指南》的发布，必将对各地城镇水务企事业单位推进城镇智慧水务建设提供指导和启发，对我国城镇智慧水务建设健康有序发展起到积极促进和引导作用。希望城镇水务行业企业及广大从业者，继续携手同行、凝心聚力，为共同推进我国城镇建设高质量发展做出应有的贡献。

章林伟

中国城镇供水排水协会　会长

2023年5月于北京

Preface

Water is the source of life, a key element of production, and the foundation of ecology. It is an indispensable factor in supporting the economic and social development of urban areas. The report of the 20th National Congress of the Communist Party of China pointed out the need to "strengthen urban infrastructure construction and build livable, resilient, and smart cities". Smart city is a new model that comprehensively applies modern science and technology, utillizing innovative thinking and technological empowerment to strengthen and coordinate urban planning, construction, and management. Smart water is an important component of smart city. By using digital methods, the entire process of the operation of urban water supply and drainage facilities can be monitored in real time. Problems can be identified and resolved early, greatly improving the cities' ability to ensure water supply, drainage, and safety, while also enhancing the resilience of cities through intelligent means. This is an important content to promote the construction of urban lifeline safety engineering. The construction of smart water management is an inevitable trend in promoting the development of the urban water supply and drainage industry through the new generation of the industrial revolution, as well as an inherent requirement for high-quality development of the industry. It is beneficial for meeting the expectations of the people for a better life, promoting the transformation and upgrading of the urban water supply and drainage industry, improving the comprehensive carrying capacity of urban water resources, and effectively implementing the important instructions of General Secretary Xi Jinping on the development, utilization and conservation of urban water resources through the idea of "determining the city, the land, the people and the production with water".

In response to the top-level design of building a digital China by the CPC Central Committee of China and the State Council, the China Urban Water Association has organized the compilation of the "Guidelines for Urban Smart Water" (hereinafter referred to as "the Guidelines"). In order to better integrate with the basic platform of

City Information Modeling (CIM), it innovatively proposes the concept of "CIM-water" for Water System Information Modeling of CIM, clarifying the connotations of digitalization as the foundation, intelligent control as the engine, and smart management as the goal, as well as the inherent chain relationship among the three. The document systematically elaborates on the ideas, technologies, and implementation paths of smart water management. It further analyzed and demonstrated the application of smart water technology through specific scenarios.

"The Guidelines" and "Guidelines for Carbon Accounting and Emission Reduction in the Urban Water Sector", as well as a series of recently released industry standards, serve as a series of technical books to implement the "Outline of 2035 industrial development plan for urban water", which have effectively guided and promoted the implementation of national strategic deployment in the urban water sector and the support of urban-rural construction in China's new era. China Urban Water Association, as a national industry social organization supporting the green, healthy, and smart development of urban water affairs, closely focusing on industry development, plays an excellent role as a bridge and a leader in supporting government policy formulation, leading and regulating industry development, and actively assumes responsibility.

I believe that the release of "the Guidelines" will provide guidance and inspiration for local urban water enterprises and institutions to promote the construction of urban smart water, and play a positive role in promoting and guiding the healthy and orderly development of urban smart water in China. I hope that enterprises and practitioners in the urban water industry will continue to work together, unite their efforts, and make their due contributions to the high-quality development of urban construction in China.

Linwei ZHANG

President of China Urban Water Association

May 2023 in Beijing

前　言

党中央、国务院相继发布《"十四五"数字经济发展规划》《关于构建数据基础制度更好发挥数据要素作用的意见》《数字中国建设整体布局规划》，彰显了我国在数字化环境下高质量发展的决心。数据作为新型生产要素，已快速融入城市基础设施生产运营管理各环节。智慧城市作为数字中国的重要载体，对数字中国的建设起重要作用。住房和城乡建设部在《"十四五"全国城市基础设施建设规划》中也特别强调城市基础设施智能化建设。

作为城市基础设施的重要组成部分，城镇水务系统支撑着居民日常生活与经济良性发展。城镇智慧水务建设是数字时代的必由之路，同时也是建设数字中国、智慧城市的要求。为此，中国城镇供水排水协会组织编写《城镇智慧水务技术指南》（以下简称《指南》），力求统一智慧水务认识，引导、规范、推动城镇智慧水务健康、有序、快速发展。

《指南》由概论、总体设计、数字化建设、智能化控制、智慧化决策、信息安全与运营维护、智慧水务应用等 7 个篇章组成，涵盖了城镇智慧水务建设的总体设计、技术要求以及集成应用。总体设计对智慧水务的总体架构和保障体系进行了介绍，对数字化建设、智能化控制和智慧化决策等提出了技术要求；集成应用通过城镇供水、城镇水环境、排水（雨水）防涝三大领域对智慧水务技术应用进行系统性解释和说明。《指南》注重实用性与前瞻性，结合智慧城市与城市信息模型（CIM），提出了城镇水务信息模型（CIM-water）的概念，使智慧水务能更好地衔接智慧城市。

《指南》由中国城镇供水排水协会组织编写，中国市政工程中南设计研究总院有限公司主编，会同北控水务集团有限公司、北京清控人居环境研究院、上海城投水务（集团）有限公司、深圳环境水务集团有限公司、武汉市水务集团有限公司、中国电信集团有限公司、武汉众智鸿图科技有限公司等 30 多家单位联合编制。《指南》编制过程中，中国城镇供水排水协会多次召开专家咨询会，广泛征求院士、大师、知名专家以及行业各方意见，在此基础上形成了首部城镇智慧水务技术指引。书中难免有瑕疵和疏漏之处，敬请社会各界批评指正，编制组将适时更新完善。

Foreword

The CPC Central Committee of China and the State Council have issued a series of proclamations, namely "*The 14th Five-Year Plan for the Development of the Digital Economy*", "*China's specific measures to build basic systems for data to put data resources to better use*", and "*the Plan for the Overall Layout of Building a Digital China*", demonstrating China's determination for high-quality development in the digital era. Data, as a new factor of production, has been rapidly integrated into all aspects of urban infrastructure production and operation management. As a important carrier of digital China, the smart city plays an important role in the construction of a digital China. The Ministry of Housing and Urban-Rural Development has also emphasized the importance of the intelligent construction of urban infrastructure in "*The 14th Five-Year National Urban Infrastructure Construction Plan*" .

The urban water system is a critical component of urban infrastructure that supports the well-being of both residents' daily life and the economy. In the digital age, the intelligent transformation of the urban water system is not only necessary but also vital for the development of digital China and smart city. To this end, China Urban Water Association has organized the compilation of the "Guidelines for Urban Smart Water" (hereinafter referred to as "the Guidelines") to promote a shared understanding of smart water and to guide, standardize, and accelerate the healthy, orderly and rapid development of urban smart water.

"The Guidelines" are a comprehensive manual that includes seven chapters, namely Introduction, Overall Design, Digital Construction, Intelligent Control, Smart Decision-making, Information Security and Operation Maintenance, and Smart Water Application. It covers the overall design, technical requirement, and integrated applications of urban smart water construction. The Overall Design chapter introduces the overall structure and assurance system of smart water, while the Technical Requirement chapter outlines the technical requirements for digital construction, intelligent control, and smart decision-making. The Integrated Application chapter systematically explains the application of smart water technology in three of water supply system, wastewater system, rainwater system. "The Guidelines" emphasize practicality and forward-looking perspectives. To better connect smart water with the smart city, the concept of CIM-water is proposed, which is combined with the smart city and City Information Modeling (CIM) .

"The Guidelines" are organized by China Urban Water Association, and edited by Central and Southern China Municipal Engineering Design & Research Institute Co. , Ltd. It is jointly compiled with over 30 organizations such as universities, design institutes, technology companies, and leading water enterprises, including Beijing Enterprises Water Group Limited (BEWG), Beijing Tsinghua Holdings Human Settlements Environment Institute Co. , Ltd. , Shanghai Chengtou Water Group Co. , Ltd. , Shenzhen Water and Environment Group Co. , Ltd. , Wuhan Water Group Co. , Ltd. , China Telecom Communication Co. , Ltd. , Wuhan HopeTop Technology Co. , Ltd and others. In the course of compiling "the Guidelines", the China Urban Water Association convened multiple expert consultations to solicit feedback from academician, masters, renowned experts as well as various stakeholders in the industry; based on this foundation it produced the first technical guidelines for urban smart water. "The Guidelines" may have some areas for improvement and further refinement; we respectfully invite critiques and corrections from all sectors of society. The editorial team will continually work to improve and update the content.

目　录

Contents

1 概　　论

1.1 编 制 背 景

党的二十大报告指出，要“加快发展数字经济，促进数字经济和实体经济深度融合，打造具有国际竞争力的数字产业集群”“加强城市基础设施建设，打造宜居、韧性、智慧城市”。发展数字经济是实现新时代高质量发展的重要途径，而智慧城市是数字经济的重要载体，对数字经济的发展起支撑作用。

中共中央、国务院印发的《数字中国建设整体布局规划》指出，建设数字中国是数字时代推进中国式现代化的重要引擎，是构筑国家竞争新优势的有力支撑。加快数字中国建设，对全面建设社会主义现代化国家、全面推进中华民族伟大复兴具有重要意义和深远影响。

《中共中央国务院关于完整准确全面贯彻新发展理念做好碳达峰碳中和工作的意见》提出，要推进城乡建设和管理模式低碳转型，在城乡规划建设管理各环节全面落实绿色低碳要求。智慧城市是城市低碳建设的必然选择。

住房和城乡建设部、国家发展和改革委员会联合发布的《“十四五”全国城市基础设施建设规划》提出，要“加快推进城市交通、水、能源、环卫、园林绿化等系统传统基础设施数字化、网络化、智能化建设与改造，加强泛在感知、终端联网、智能调度体系构建”。

当前，智慧城市建设已成为推动我国经济改革、产业升级、提升城市综合竞争力的重要驱动力，在支撑城市健康高效运行和突发事件快速智能响应方面发挥着越来越重要的作用。智慧水务是智慧城市的重要组成部分，可以提升智慧城市的建设水平及系统完整性，提高城市水系统的韧性与智慧。

2020年，中国城镇供水排水协会组织编制了《城镇水务2035年行业发展规划纲要》，旨在准确把握我国城镇水务行业2035年的发展目标，科学引领行业持续发展，使城镇水务行业发展能够有力支撑我国社会经济和城镇化发展的需要，满足生态文明建设与城镇百姓美好生活的需求。规划纲要提出了智慧水务建设的路径和方法，对城镇水务行业的可持续发展具有重要指导意义。

2021年，为深入贯彻落实党中央、国务院关于碳达峰、碳中和的决策部署，推动我国城镇水务行业向绿色低碳升级转型发展，中国城镇供水排水协会组织编制了《城镇水务系统碳核算与减排路径技术指南》，旨在形成城镇水务行业碳排放认知和共识，找准碳减排发力点，厘清城镇水务系统碳核算边界、方法，分析梳理碳减排路径和策略，指导城镇水务行业开展碳核算与碳减排工作。

在当前数字化转型的时代背景下，水务行业的可持续发展、践行“双碳”目标均需要数字技术的赋能。智慧水务是实现水务行业高效发展和碳减排的重要抓手。智慧水务是指通过新一代信息技术与水务专业技术的深度融合，充分挖掘数据价值，通过水务业务系统的数据资源化、管理数字化、控制智能化、决策智慧化，保障水务设施安全运行，使水务业务运营更高效、管理更科学、服务更优质。

目前，我国很多城市都在进行智慧水务系统的建设和探索，为水务行业数字化转型起到了示范和带头作用。但是，在智慧水务建设实践中例如较多认识误区和问题，例如数据利用率较低、重展示不重应用、“智慧”泛化或滥用等情况，不利于行业的可持续发展和进步。

为了引导、规范、推动城镇水务行业智慧水务的健康有序发展，统一城镇智慧水务认识，明确城镇智慧水务的顶层设计、技术要求、建设实施和运行维护，中国城镇供水排水协会组织编撰本指南。

1.2 适 用 范 围

本指南适用于城镇智慧水务的规划设计、建设和运维，范围包括城镇供水、城镇水环境、排水（雨水）防涝等业态领域，适用对象包括城镇智慧水务相关从业主体。

城镇智慧水务建设是水务技术和信息技术融合应用的复杂系统工程。一方面，城镇水务行业的业态多样，包括城镇供水、城镇水环境和排水（雨水）防涝领域，相应形成了不同的水务企业类型，包括供水企业、污水处理企业、排水一体化企业、供排一体化企业等，同时这些企业又存在大型、中型及小型之分，不同企业的服务内容和技术需求是不同的；另一方面，智慧水务涉及的主体多样，除水务企业外，还包括政府监管部门、相关科技服务公司、高校及社会公众等，这些主体在智慧水务建设中发挥不同的作用，承担相应的职责，是智慧水务的推动者、实施者和参与者，需要在统一的技术标准下开展工作。本指南可以为以上不同业态和主体提供技术指导。

1.3 智慧水务发展现状及目标

1.3.1 发展现状及趋势

1. 发展现状

近年来，智慧水务建设项目越来越多。在行业各方的共同努力下，目前已编制出台了若干智慧水务相关标准规程，突破了一些关键技术，催生了一批智能应用场景，建成了一批典型项目案例，吸引了一批大型高科技企业入场，智慧水务取得了一定的发展和进步。

与此同时，随着数字中国、新基建、供水安全保障及生态环境保护等相关政策规划的不断出台，以及大数据、物联网、移动互联网、云计算、人工智能等先进信息技术的不断发展，国家、行业和地方也相继出台相关政策引导水务行业智慧化发展。通过解读分析这些政策可知：

（1）数据已成为新型生产要素

2022年1月，国务院发布的《“十四五”数字经济发展规划》提出，“数字经济是继农业经济、工业经济之后的主要经济形态，是以数据资源为关键要素”；2022年7月，住房和城乡建设部、国家发展和改革委员会发布的《“十四五”全国城市基础设施建设规划》提出，在有条件的地方推进城市基础设施智能化管理，逐步实现城市基础设施建设数字化、监测感知网络化、运营管理智能化，对接城市运行管理服务平台，支撑城市运行“一网统管”；2022年12月，中共中央、国务院发布《关于构建数据基础制度更好发挥数据要素作用的意见》，从数据产权、流通交易、收益分配、安全治理四个方面提出20条政策举措，为解放和发展数字生产力开辟了新路径；2023年2月，中共中央、国务院印发《数字中国建设整体布局规划》指出，要强化数字中国关键能力，一是构筑自立自强的数字技术创新体系，二是筑牢可信可控的数字安全屏障。这些政策落地无不彰显着社会发展形态的变化，必将大力推动水务企业的数字化转型。

（2）智慧水务与智慧城市建设协调发展

随着《国家智慧城市试点暂行管理办法》《关于促进智慧城市健康发展的指导意见》等政策的相继发布，国家对智慧城市建设越来越重视。住房和城乡建设部明确将智慧水务建设列为智慧城市重点建设内容。智慧水务是体现城市管理智能化水平的重要标志之一，通过智慧水务的建设可以为城市整体智慧化管理和科学决策提供第一手的准确信息。同时，借助智慧城市基础设施建设，也可以为智慧水务提供高带宽、全覆盖的通信服务，奠定智慧水务建设的强大基础。

（3）行业对水务管理和运营提出更高要求

数字中国、数字经济、智慧城市、智慧水务、双碳等相关政策对水务企业可持续性发展、提供优质服务、履行企业社会责任和环保责任等方面提出了严格要求；与此同时，城乡一体化供水、农村污水收集治理、城镇供水管网漏损控制等业务也促使着水务运营管理由原来的经验管理转变为精细化管理、数字化管理。总体而言，当前行业对节能减排要求更严格、对用户服务体验更注重、对数字化运营要求更高，因此需要智慧水务的大力支撑，智慧水务可以帮助水务企业实现数据共享、实时监控、远程管理等，提高运营效率和管理水平。

2. 存在问题

在智慧水务建设快速发展过程中，也存在不少错误认识和问题，亟待加以引导、规范和改进。具体包括如下方面：

（1）顶层设计缺失，标准体系不完善

智慧水务建设是一项复杂的系统工程，在实际建设过程中需要将数字技术与水务专业技术进行融合应用；同时智慧水务的建设过程涵盖策划、规划、设计、实施、运行等不同的阶段。因此，需要顶层设计和统一规划，从技术、管理、政策等方面推动智慧水务建设的全面发展。

标准体系可以规范智慧水务的建设发展，提高项目实施的标准化水平，确保水务行业在技术应用上的质量和可靠性。目前国家标准发布了系列智慧城市的标准，已初步形成体系，但在智慧水务标准体系方面，现有的标准主要针对监测及数据方面，仍缺乏国家和行业级别的标准体系。

（2）数据质量较差，数据利用不充分

数据是智慧水务的基础，目前水务企业对数据采集、感知层建设日益重视，积累了一定的数据，但是对数据质量仍不够重视，没有对数据进行有效的清洗和梳理，数据质量较差。各类平台以数据统计分析为主，对业务数据深层次挖掘、分析、应用不够，基于数学模型和海量信息融合分析的智能控制和智慧决策系统的开发应用较少，数据利用率较低。

（3）展示层面较多，应用场景比较少

由于缺乏统一认知，导致在智慧水务项目建设中，大多只停留在展示层面，出现了很多“重展示、轻应用”的现象。开发者对生产核心控制环节理解不足，没有开发出企业真正需要的智能应用场景，智慧水务平台大多以信息化展示为主要内容，片面重视硬件建设，缺乏实质应用，部分项目成了表面文章和面子工程，不能充分满足水务企业优化生产、节能降耗的需求。

（4）智慧水务泛化，平台建设不系统

智慧水务是一个系统的概念，《城镇水务 2035 年行业发展规划纲要》对智慧水务提出了 GIS、BIM、在线监测、自动/智能控制、数字化管理、服务与信息公开、智慧决策、网络安全 8 个方面的要求，但是在智慧水务系统建设中出现很多“以偏概全”的现象，例如零星式、点缀式建设，对智慧水务的整体性、系统性把握不足，把局部当整体，不能真正体现智慧水务的内涵。

3. 发展趋势

（1）智慧水务将进入到以数据资产为核心的新阶段

数据资产管理包含数据资源化、数据资产化两个过程，通过数据资源化构建全面有效的、切合实际的数据资源管理体系，提升数据质量，保障数据安全；通过数据资产化，丰富数据资产应用场景，建立数据资产生态，持续运营数据资产，凸显数据资产的业务价值、经济价值和社会价值。目前众多水务企业已经发布数据资源管理框架，在数据资源化方面积累了实践经验，并探索开展数据流通、价值评估、资产运营等数据资产化工作。未来智慧水务将进入到以数据资产为核心的新阶段。

（2）智慧水务建设相关技术不断拓展

智慧水务建设离不开技术的发展，智慧水务建设将融入更多的新技术，如物联网及监测技术、CIM、大数据、AI、知识图谱、区块链等。这些技术将运用于水务系统的感知、运行管理、生产控制和决策调度，实现感知更精准、管理更高效、控制更智能、决策更智慧。

（3）智慧水务对水务技术和 IT 技术将进一步融合

智慧水务建设对水务技术和 IT 技术的复合型人才需求较为迫切，水务行业需要进一步建立数据治理体系，健全信息化管理组织，引进与培养信息化人才，包括专项IT技术专家与“业务管理+IT应用”的复合型人才。

（4）智慧水务建设将优化运营管理模式

智慧水务建设催生新的管理模式，带来新的岗位需求，如首席数据官、大数据中心运营官、数据工程师、算法工程师、需求分析工程师等数字化相关的岗位。

（5）智慧水务应用场景将更加丰富和实用

应用场景是智慧水务建设从概念到实效的重要环节。随着各地智慧水务的不断发展和实践，未来相关的应用场景将更加丰富和深入。与此同时，智慧水务对于应用的需求会进一步提高，更加注重在实际生产过程的安全、高效、稳定、节能、低碳。

1.3.2 发展要求及目标

1. 发展要求

水务行业作为支撑社会经济和城镇化健康有序发展的重要行业，新时代下已全面进入从“粗放式发展”到“高质量发展”，从“传统模式驱动”到“创新模式驱动”的变革期。根据《城镇水务2035年行业发展规划纲要》发展目标，“到2035年，基本建成安全、便民、高效、绿色、经济、智慧的现代化城镇水务体系”。其中新兴信息技术赋能下的水务数字化转型是支撑传统水务行业突破短板、高质量发展的必然路径与核心要务，同时也对水务行业智慧水务建设进程提出以下几个方面的要求：

（1）打造健全的水务感知网

充分考虑水务管理总体布局及应用需求，统筹规划水务感知系统的建设、应用、管理和维护。根据水源、净水厂、污水处理厂、供水排水管网、水体的地理分布环境及感知要求，采取科学的布建原则，考虑布局选点的针对性、关联性以及整体效果，对感知监测实现全流程覆盖。

（2）建立共享的数据资源体系

数据采集、存储、整合是智慧水务大数据分析的前提和基础。水务企业需实现从水源到净水厂、供水管网、用户、排水管网、污水处理厂等环节全方位、全要素的信息采集，消除信息孤岛，实现系统的互联互通，实现海量数据的传输与存储。构建智慧水务数据中心，建立数据标准、改善数据质量、实现数据共享、加强业务协作、促进业务创新、提升建设效率，积极探索水务数据交易的方法和模式。

（3）建设全面的数字化管理系统

以CIM、BIM、GIS为承载体，实现多源异构信息的融合。以水务业务需求为导向，丰富完善应用场景，通过数字化管理功能实现管理升级，由传统粗放式的人工管理转变为线上化、精细化、标准化、闭环化的管理模式，保障水务系统正常运转，提升管理品质。

（4）推广精准自动的智能控制

以水务需求为导向，将新一代技术与生产控制业务应用进行深度结合，从原来单纯地依靠人工“看、管、存、控”向大数据实战型的智能控制跨越，在单个水处理单元实现生产控制智能化。注重知识的积累，挖掘数据的价值，通过分析数据寻求水处理单元最优控制策略，生产控制精准自动，实现生产控制安全、稳定、高效、节能。

（5）探索科学合理的调度决策

在感知在线、管理数字化、控制智能的基础上，集成系统各环节各应用，通过数字仿真模拟技术，对系统的运行进行预测预判，并根据模拟分析结果进行系统短板补强、全局调度优化、完善预警发布机制、应急预案辅助决策，实现对系统的科学调度和决策。

2. 发展目标

坚持以面向行业、支撑政府、服务社会为原则，充分利用大数据、云计算、人工智能等新一代信息技术，与水务业务进行深度融合，不断推动水务行业创新发展与升级换代，实现城镇水务的数据资源化、管理数字化、控制智能化、决策智慧化，支撑城镇水务行业运营更高效、管理更科学、服务更优质。

（1）数据资源化

在全面推广CIM、BIM及GIS在水务行业普及应用的基础上，推动“空天地”一体化的城镇水务信息模型感知监测体系，全面掌握水务综合信息，加强数据整理、数据聚合和数据分析，提升数据质量，充分挖掘数据价值和逻辑关系，采用边缘计算和人工智能提升算力算法，强化数据应用，实现水务数据资源化。

（2）管理数字化

建立协同联动管理工作机制，创新水务行业管理模式，利用数字化手段全面提高管理效率，实现业务流程化、服务区块化、考核指标化、管理规范化。通过对数据进行分析应用，提高管理水平，提高人员效率，提升设备完好率。以互联网＋客户的形式，推进水务行业服务升级，提供个性化、主动化及智能化服务。充分发挥数据资产价值，促进业务模式的创新，加快技术的创新。

（3）控制智能化

将智能控制技术与水务行业相结合，关注生产工艺及泵站等重要环节的药耗、电耗、碳排放数据，对加药、消毒、曝气、排泥等工艺环节进行智能控制，使水务关键工艺环节调整更及时、工艺更稳定、运行更经济。在实现节能降耗、低碳生产、降低成本的同时，践行双碳理念。

（4）决策智慧化

通过数据挖掘、模拟仿真、预测预警、分析诊断等方法，实现对水务复杂业务的预判规划、优化调度及应急管理。建立事故库、知识库和专家系统为运维决策提供经验和知识，通过模型分析辅助运维决策者做出科学决策。

1.4 实 施 路 径

智慧水务建设是一项庞大的系统工程，不仅仅是购买一系列软硬件系统，利用计算机技术简单地代替人工管理模式，更重要的是还涉及信息技术和业务的深度融合、业务流程的优化重组、组织职责的变化调整，其本质是一场管理理念和管理方式的变革。因此，在智慧水务的实施过程中，各水务企业应以长期规划为导向，分步实施，至少对未来3～5年的智慧水务建设有一个清晰、成体系、达成共识的蓝图。智慧水务建设可按照以下三个阶段分步有序推进。

第一阶段：夯实基础、补齐短板

做好整体规划，构建智慧水务标准体系，全面提升软硬件支撑能力，补齐短板，夯实智慧水务建设基础，侧重于重点、难点领域开展应用。

（1）制定智慧水务规划

规划应包括智慧水务建设目标、方向、实施方法、进度安排、费用以及总体架构、应用架构、数据架构、信息安全架构等内容。需要根据企业的战略和发展目标，结合现状进行整体性规划，并制定分步实施计划。建议以2～3年定义中期发展目标，并定义考核指标；以3～5年为中长期发展目标，并定义阶段考核值。

（2）构建智慧水务标准体系

遵循相关国际标准、国家标准、行业标准及地方标准，构建智慧水务标准体系，对智慧水务建设全过程技术及项目管理和评价进行指引。

（3）提升软硬件支撑能力

遵循急用先建的原则，加强基础监测能力和调度能力建设。构建大数据平台和应用支撑平台，提高软件支撑能力。改造升级现有网络设施，高标准完善共性基础设施建设。

第二阶段：完善功能、深化应用

在夯实基础后，进一步完善物联感知数据采集，推动信息系统整合、数据资源共享、业务融合协同，深化业务应用建设，扩大应用建设范围，实现业务全数字化，从而实现管理服务能力的整体提升。

（1）构建动态感知网

完善物联感知数据采集，深入开展卫星、无人机的遥感监测，通过高分辨遥感影像识别与在线监测体系相结合，建立"空天地"一体化动态感知网，实现水务信息全方位、全天候的实时监控，为后期的智能控制、智慧决策打下坚实的基础。

（2）丰富场景

构建业务一体化运营管理平台，通过数字化手段优化业务管理流程、调整业务组织架构，实现应用层面的连通与共享，以及跨部门、跨层级的业务协同，全面提升数字化管理水平，提高水务企业管理效率。

（3）深化应用

深入水务生产环节，结合工艺技术和数字技术对生产关键环节进行智能化改造，构建水务生产智能控制模型，利用人工智能算法，将水务生产相关场景的自动控制升级为智能控制，保障安全生产、稳定运行、节能降耗。

第三阶段：全面整合、智慧赋能

通过系统和数据的全面整合，深度探索物联网、大数据、云计算、人工智能等先进技术与水务业务的融合。

（1）系统整合

建立生产运维知识图谱，挖掘数据价值，把水务行业复杂的知识体系形成知识图谱，构建系统仿真模型，有效辅助管理人员进行科学管理、快速响应和协同调度，进而实现智慧决策。

（2）数据整合

数据整合是政府、企业、公众三大智慧水务主体在信息共享、数据安全等方面的机制、措施及要求，目的是减少信息资源建设的重复与遗漏，提高数据资源的利用率，促进数据资源的流通、交换和交易，保障数据资源的安全。

2 总 体 设 计

城镇智慧水务总体设计从水务发展需求出发，运用系统论的方法统筹考虑水务各层次和各要素，对智慧水务需求分析、规划设计、保障体系、建设内容、总体架构等进行整体考虑。

总体设计应全面落实国家关于加强新型基础设施和新型城镇化建设的决策部署，树立创新、协调、绿色、开放、共享的新发展理念，围绕智慧城市的建设要求，以问题和需求为导向，以数字化建设、智能化控制和智慧化决策为着力点，强化新一代信息技术与水务业务的深度融合，推动城镇水务管理手段、管理模式、管理理念创新，全面提升城镇智慧水务建设水平和服务水平，实现城镇水务行业治理体系和治理能力的现代化转变。

2.1 基 本 原 则

总体设计应遵循以下基本原则：

（1）统筹规划，分步实施

智慧水务的建设必须统一部署，统筹安排、科学确定目标任务，并结合现状，区分轻重缓急，制定切实可行的计划和分期实施目标，自下而上、分步推进项目建设，强调绿色可持续发展。

（2）需求驱动，因地制宜

以满足实际需求、提升业务支撑能力为目的，建立以问题和需求为导向，信息技术应用服务于水务业务需求的科学发展模式。在需求分析过程中，应因地制宜、因城施策、突出特色，切实提升区域水务智慧化水平。

（3）数字赋能，协同发展

构建数字生态，加速数字赋能，注重数据治理，提升数据资源处理能力，发挥数据的智慧决策作用。智慧水务作为智慧城市的重要组成部分，应逐步融入当地智慧城市发展体系，并逐步向县域一级下沉，推动城乡水务协同发展。

（4）多元参与，以人为本

应充分考虑政府、企业、社会公众等不同角色的意见及建议，以“为民、便民、惠民”为导向，把民生优先、服务至上、以人为本作为智慧水务建设的出发点和落脚点。

2.2 需求分析

根据需求驱动、因地制宜的基本原则，总体设计应首先根据当地实际情况进行需求分析，分析现状，找出存在的问题，确定需要改进的内容。

需求分析过程中应坚持以问题与需求为导向，通过采取现场调研、需求访谈、资料分析、网络调查等方式，对各业务进行“是什么（梳理水务业务活动）、差什么（分析问题和差距）、为什么（剖析问题产生的原因）、抓什么（确定建设目标和内容）、靠什么（立足实施保障）”的全面分析。

需求分析主要从以下几个步骤展开：

（1）明确业务主体和管理对象

首先，应明确水务业务主体（即智慧水务业务应用系统的目标用户），并对业务主体进行合理分类，如上级管理单位人员、本单位各层级管理人员、本单位生产人员、其他相关业务部门人员、社会公众等；其次，要明确水务业务管理对象，如水源地、净水厂、污水处理厂等。

（2）现状分析

在明确业务主体和管理对象的基础上，进行水务业务现状分析，梳理现有水务业务流程，盘点信息化系统和数据现状。

（3）问题分析

结合信息化建设现状，挖掘水务业务痛点，找出业务短板和薄弱环节。

（4）目标分析

根据现状和问题分析，确定顶层设计的业务目标和信息化建设目标。

（5）功能分析

在目标确定的基础上，根据业务流程和用户分类，确定业务功能模块，明确业务功能需求，以及相应的信息化建设需求。

2.3 规划指导

《国务院关于印发“十四五”数字经济发展规划的通知》（国发〔2021〕29号）是我国数字经济领域的首部国家级规划，规划中明确了“十四五”时期中国数字经济发展的指导思想、基本原则、发展目标，在优化数字基础设施、激活数据要素、推进产业数字化转型、推动数字产业化、提升数字化公共服务、完善数字经济治理体系、强化数字经济安全、加强数字经济国际合作等方面提出了具体的发展思路，是指导各地区、各部门推进数字经济发展工作的行动纲领。

2021年4月，中国城镇供水排水协会发布了《城镇水务2035年行业发展规划纲要》，从饮用水安全、城镇水环境、城镇排水防涝、资源节约与循环利用、智慧水务5方面为切入点，提出了未来15年我国城镇水务行业的发展方向，明确了发展目标、主要指标、重点任务及实施路径，为指导各地编制水务规划（包括智慧水务规划）发挥了积极作用。

根据统筹规划、分步实施的原则，水务企业需结合自身业务情况，以国家、行业、当地智慧水务相关规划为指导，编制企业智慧水务规划，确定建设原则、目标、路径、内容、总体框架、实施计划（近期、长期）、资金、建设机制、管理体制等，为企业智慧水务建设提供有效指导，避免出现盲目性和局限性。规划期限一般以3～5年为周期。

2.4 保障体系

2.4.1 标准体系

智慧水务标准体系是智慧水务建设的重要支撑，标准体系需要明确智慧水务标准体系发展方向和建设路线，使城镇智慧水务建设工作科学有序开展。智慧水务标准体系的建立为统一智慧水务顶层设计、规范智慧水务产品研发、保障智慧水务工程规划实施、增强智慧水务系统间互操作能力、建立智慧水务测试验证环境等提供重要支撑。

智慧水务是水务工程充分发挥效能，长治久效的重要手段。在智慧水务应用过程中应遵循智慧水务标准体系的相关要求和规定，同时应充分考虑智慧水务与水务工程、智慧水务与智慧城市之间的交集和衔接。

（1）国际智慧水务标准体系

目前国际标准建设并未形成体系，涉及的应用领域相对集中，覆盖范围尚不全面。ISO 等组织正在积极推进智慧水务标准建设工作，我国专家也积极参与其中，主导研制首项智慧水务国际标准《Smart water management-part 1：General guidelines and governance》ISO 24591-1（《智慧水务管理　第 1 部分　通用指南》），该标准旨在规范智慧水务管理系统架构设计的通用要求和基本准则。

目前国外关于智慧水务标准体系的发展水平各不相同，以欧盟、美国、日本、韩国为代表的部分国家和地区也在积极探索，但大部分国家仍然处于起步阶段，标准较为匮乏。

（2）国内智慧水务标准体系

2022 年，国家智慧城市标准化总体组组织编制了《智慧城市标准化白皮书（2022 版）》，系统梳理了当前国内外智慧城市发展现状、标准化工作现状和主要问题，提出了智慧城市基本原理及参考框架，构建了新版智慧城市标准体系总体框架（见图 2-1），主要由“01 总体”“02 技术与平台”“03 基础设施”“04 数据”“05 管理与服务”“06 建设与运营”“07 安全与保障”7 类共 36 个子类组成。目前我国已发布实施的智慧城市相关国家标准共 30 余项，在 36 个子类上仍需逐步探索完善，但基本涵盖了 7 类标准。

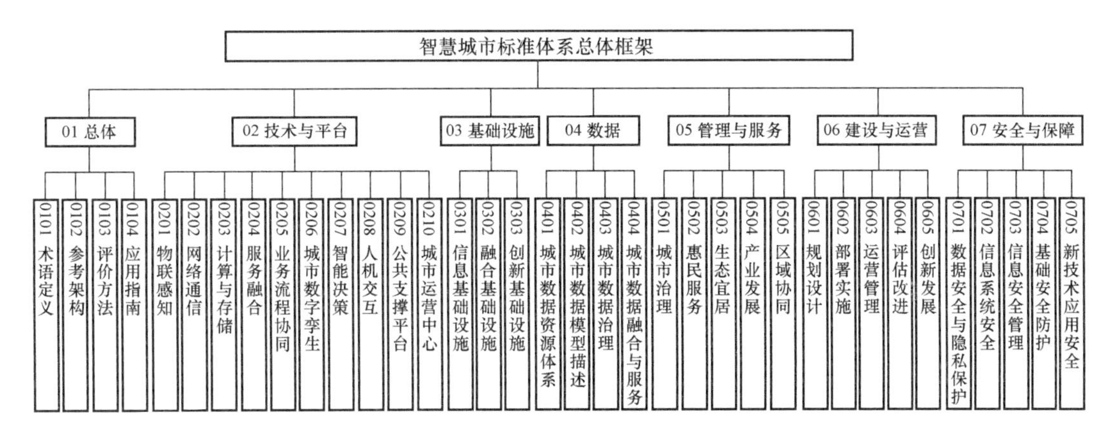

图 2-1　智慧城市标准体系总体框架

国内智慧水务还处于初步发展阶段，国家层面，智慧水务建设还缺少完整的标准体系，基本处于刚起步的状态，国家标准主要聚焦在感知、数据标准方面，如《城市排水防涝设施数据采集与维护技术规范》GB/T 51187—2016 等。

行业层面，标准主要集中在监测、管理类，且尚未形成体系，如《城镇供水管网漏水探测技术规程》CJJ 159—2011、《城镇排水水质水量在线监测系统技术要求》CJ/T 252—2011、《城镇供水营业收费管理信息系统》CJ/T 298—2008、《城镇供水管理信息系统 供水水质指标分类与编码》CJ/T 474—2015、《城镇供水管理信息系统 基础信息分类与编码规则》CJ/T 541—2019 等，对智慧水务的实际建设应用具有一定的指导意义。

近年来，在《国务院关于印发〈深化标准化工作改革方案〉的通知》（国发〔2015〕13 号）的指导下，智慧水务团体标准蓬勃发展，中国城镇供水排水协会等协会团体持续推进智慧水务团体标准建设工作。2020 年，中国城镇供水排水协会牵头承担了住房和城乡建设部科学技术计划项目《智慧水务标准体系建设》（2020-K-040）的研究工作；通过行业广泛参与，系统调研了国内外智慧水务标准，多维度分析了标准的现状特点、存在问题以及发展方向，明确了智慧水务标准体系构建的科学系统性方法，在行业内构建了具备系统性、层次性、适用性和前瞻性的智慧水务标准体系，并形成标准建设方向的规划建议。课题确定了城镇智慧水务标准体系结构（见图 2-2），主要由“1. 基础标准”“2. 技术标准”“3. 数据标准”“4. 业务应用标准”“5. 建设与运营标准”“6. 安全保障标准”六部分标准分体系组成，并经过优先级分析，制定了

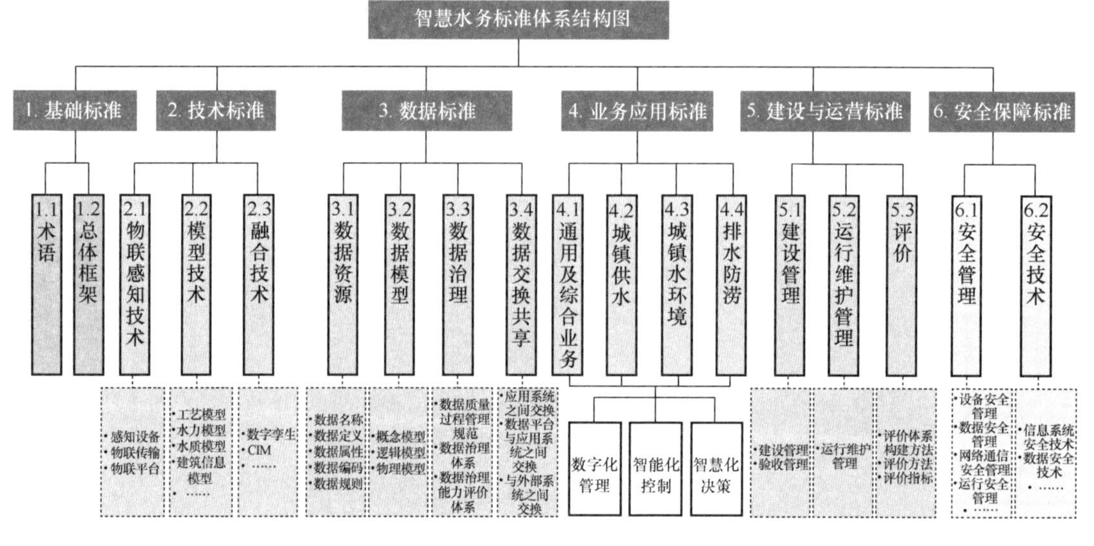

图 2-2　城镇智慧水务标准体系框架结构图

标准编写计划。目前正在编制《城镇智慧水务术语》《城镇水务物联网设备标识规则》《智慧水厂评价标准》《水务数据编码及主数据标准》等多项标准，为智慧水务标准编写提供基础支撑和有力保障。

各标准之间关系如图 2-3 所示。

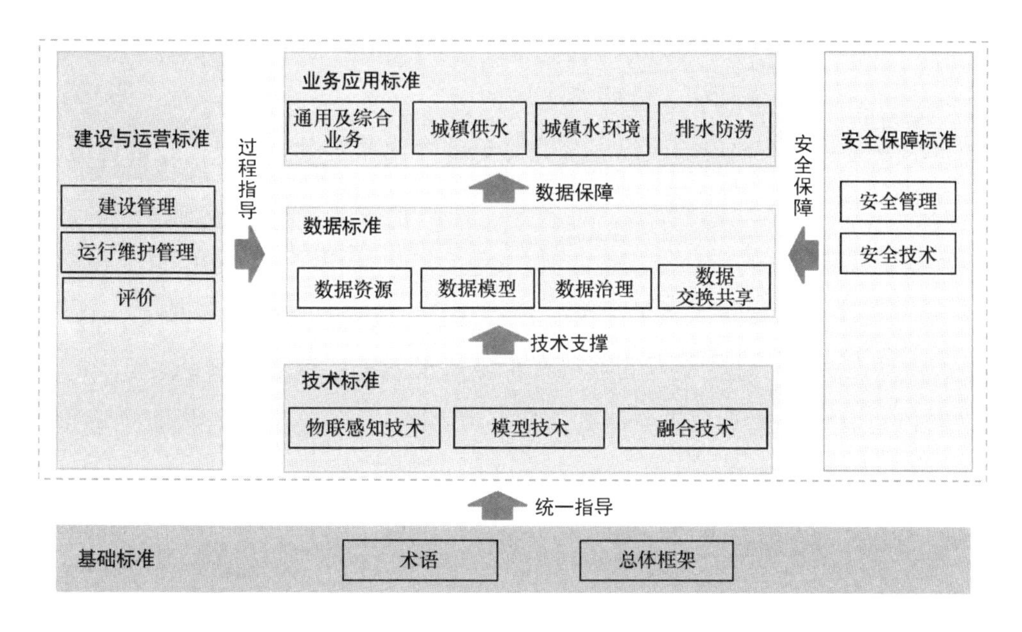

图 2-3　智慧水务标准体系拓扑图

水务企业在智慧水务建设过程中，可根据自身业务发展需要，参考城镇智慧水务标准体系创建企业智慧水务标准体系。目前国内一些大型水务集团已经开始了智慧水务标准化建设的探索，设计完成了企业级的智慧水务标准体系框架，并通过采用标准收录和部分新建标准的方式，逐步完善企业智慧水务标准体系。

2.4.2　安全保障体系

城镇水务事关民生福祉和城镇安全。智慧水务安全保障体系是国家信息安全保障体系的重要组成部分，应根据国家相关信息安全方面的政策要求，遵循智慧水务标准体系中的信息安全标准，构建智慧水务安全保障体系，从技术、组织、制度等多方面对智慧水务安全规划、建设和运营等多阶段的安全活动进行约束、规范、监督和责任界定，保障智慧水务各组成部分的安全稳定运行。

2.4.3　统一运维体系

运营维护服务的好坏，直接关系智慧水务能否发挥预期效益，能否获得良性、健康、可持续的发展。通过开展运维规划，构建统一的运维体系，重点考虑运维对象和运维模式，建立完善的运维管理制度和运维响应机制，提升智慧水务的保障执行力和运维效率，实现多层次、全维度的运维管理。

2.5 建 设 内 容

智慧水务应系统性地规划建设内容，避免碎片化的建设。建设内容应包括但不限于以下部分：

（1）数字化建设

1）数字化建设是智慧水务的基础。结合 BIM、GIS、物联网等技术，建设 CIM 平台，构建动态感知、虚实交互的数字孪生城镇水务信息模型。

应用 BIM 技术构建水务设施信息模型，以 BIM 模型为载体，将 BIM 模型信息、实时运行信息、日常管理信息等数据信息进行多源信息融合，通过开展数字资产管理、工艺流程模拟等功能应用，更好地实现运维阶段信息的集成、共享、利用和数字化展示。

应用 GIS 技术获取水务设施相关基础信息，为智慧水务建设提供时空数据整合、数据表达、应用分析和共享交换服务，助力开展管网巡检养护、管道检测、漏损控制等水务应用。

建设网络通信系统，为智慧水务提供低时延、高可靠性的网络，支撑数字孪生的虚实互动。

2）构建智慧水务物联感知监测体系，实现城镇水务全范围、全流程的动态监测和预报预警，为智慧水务数字化管理、智能化控制、智慧化决策提供数据支撑。

3）夯实智慧水务数字底座，充分发挥大数据、云计算在智慧水务中的作用，全面推进算据、算力和算法建设，强化数据治理过程，建立健全智慧水务数据资源体系，实现数据资源化，最终形成智慧水务数据资产。

4）将现代管理理念融入传统水务生产运营管理过程，建立数字化管理系统，推动水务企业数字化转型，提升水务管理效率和服务水平。

（2）智能控制建设

针对水务关键单元和工艺环节，结合相关监测数据和要求，基于智能控制算法，获得最佳运行参数，将具体场景的自动控制转变为智能控制，如智能加药、智能消毒、智能曝气等，实现水务生产的安全稳定运行、少人干预和节能降耗。

（3）智慧决策系统建设

面向水务复杂业务场景，系统考虑城镇供排水运行重难点问题，应用仿真模拟技术以及大数据分析、人工智能算法进行建模分析，实现复杂业务场景的预判规划、优化调度、应急管理及情景分析，为水务生产管理提供智慧化决策支持。

2.6 总 体 架 构

围绕水务业务领域，汇聚涉水业务数据，智慧水务平台总体架构由三层三体系组成，如图 2-4 所示。三层，即物联感知层、数据层和应用层；三体系，即三大保障体系：标准体系、安全保障体系和统一运维体系。

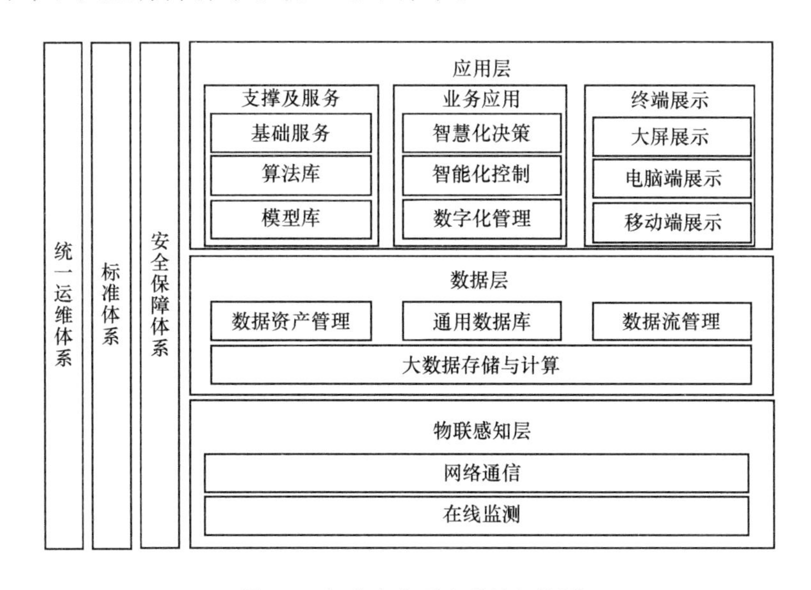

图 2-4 智慧水务平台总体架构图

物联感知层、数据层和应用层是智慧水务系统的三个核心层次，它们之间相互关联、相互依赖，构成了智慧物联系统的基本架构。物联感知层的作用是将现实世界中的各种信息转换为数字化的数据流，为后续的数据处理提供原始数据。数据层的作用是通过数据处理和分析，为应用层提供有价值的数据服务和支撑。应用层的作用是通过各种数字化、智能化、智慧化应用，实现对物联感知层的信息感知、业务管理、控制指令下达等，进而实现对整个物联网系统的全面管理和控制。

物联感知层包括在线监测和网络通信，主要实现数据的采集与传输。数据层是实现数据资源化的重要保障，数据层汇聚所有水务数据，通过数据治理，构建水务数据资源体系，实现数据资源横向集成、纵向贯通，使数据在水务运营中真正发挥作用。应用层包括应用支撑及服务、业务应用以及终端展示。应用支撑及服务提供系统的开发支撑能力、新技术的支撑能力以及智慧水务资产的运营管理能力，避免烟囱式开发方式，降低业务应用开发工作量。

三大体系则是智慧水务平台正常运行的保障。标准体系可以规范智慧水务平台的设计、建设和应用，提高智慧水务平台的互操作性、可靠性和可扩展性，促进智慧水务行业的快速发展。安全保障体系可以保障智慧水务平台的数据和系统安全，防范黑客攻击、数据泄露等安全风险，增强智慧水务平台的稳定性和可靠性。统一运维体系可以对智慧水务平台进行集中管理和维护，提高平台的运行效率和稳定性，降低运维成本，同时也方便用户对平台的使用和管理。

3 数字化建设

数字化建设是智慧水务的基础，指通过数字技术实现水务业务的在线化、流程化和闭环化；同时实现水务大数据的管理与治理，水务数据信息高效互通、交换、共享及交易。数字化建设的目标是数据资源化以及管理数字化。数字化建设主要技术有城镇水务信息模型（CIM-water）技术、在线监测技术、数字化管理技术以及大数据与云技术。

3.1 城镇水务信息模型（CIM-water）

我国已经进入城镇化的中后期，城市发展由大规模增量建设转为存量提质改造和增量结构调整并重。2020年6月，《住房和城乡建设部工业和信息化部中央网信办关于开展城市信息模型（CIM）基础平台建设的指导意见》（建科〔2020〕59号）中提出了CIM基础平台建设的基本原则、主要目标等，要求“全面推进城市CIM基础平台建设和CIM基础平台在城市规划建设管理领域的广泛应用，带动自主可控技术应用和相关产业发展，提升城市精细化、智慧化管理水平”。2021年6月，住房和城乡建设部印发《城市信息模型（CIM）基础平台技术导则》（修订版），提出CIM基础平台应定位于城市智慧化运营管理的基础平台，由城市人民政府主导建设，负责全面协调和统筹管理，并明确责任部门推进CIM基础平台的规划建设、运行管理、更新维护工作。CIM基础平台是智慧城市的基础性、关键性和实体性的信息基础设施。推进城市信息模型（CIM）基础平台建设，打造智慧城市的三维数字底座，推动城市物理空间数字化和各领域数据融合、技术融合、业务融合，对于推动数字社会建设、优化社会服务供给、创新社会治理方式、推进城市治理体系和治理能力现代化均具有重要意义。

CIM（City Information Modeling）即城市信息模型，是以建筑信息模型（BIM）、地理信息系统（GIS）、物联网（IoT）等技术为基础，整合城市地上地下、室内室外、历史现状未来多维度、多尺度的信息模型数据和城市感知数据，构建起三维数字空间的城市信息有机综合体。

智慧水务是智慧城市的重要组成，水务信息与城市信息之间的互通互换是构建智慧城市的重点，也是智慧水务的内涵所在。CIM 作为智慧城市的支撑技术，通过组成一个可感知、动态在线、虚实交互的数字孪生城市模型，为城市的管理和治理提供基础数据，可作为城市发展推演和决策的依据，如图 3-1 所示。

CIM-water 即城镇水务信息模型，是城市信息模型（CIM）的组成部分，包含三维几何信息以及非几何信息，非几何信息中包含了水务系统的设计信息、台账信息和运行信息等。其主要技术手段包含建筑信息模型（BIM）、地理信息系统（GIS）和网络通信等。BIM 技术和 GIS 技术主要打造城镇水务三维数据底座，网络通信技术主要用于传输城镇水务前端传感器或其他渠道采集的数据及信息。

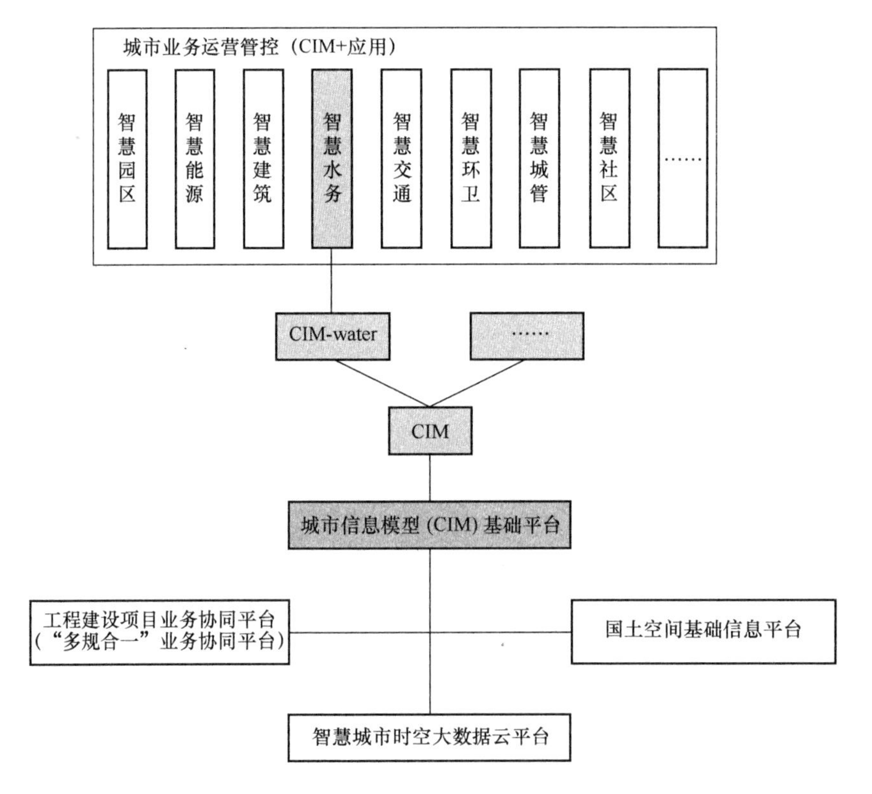

图 3-1 智慧水务与智慧城市、CIM-water 与 CIM 的关系

注：参考《城市信息模型（CIM）基础平台导则》图 3.3.3。

CIM-water 是 CIM 技术在水务领域的具体体现，通过 CIM-water 可以为智慧城市提供及时精准的水务信息，同时也能通过 CIM 共享智慧城市的信息数据。CIM-water 宜遵循以下原则：

（1）CIM-water 应遵循“政府主导、多方参与，因地制宜、以用促建，融合共享、安全可靠，产用结合、协同突破”的原则，统一管理 CIM 数据资源，提供各类数据、服务和应用接口，满足数据汇聚、业务协同和信息联动的要求。

（2）应充分考虑 CIM 基础平台建设的实用性和持续性，通过拓展项目策划生成、工程建设项目三维电子化报建以及基于 CIM 的共享协同等应用，加强 CIM-water 数据在 CIM 基础平台上的汇聚和应用。

（3）CIM-water 应考虑数据更新、服务扩展和智慧城市应用延伸的要求，为将来发展提供良好的框架和拓展空间。

3.1.1 BIM 技术

BIM（Building Information Modeling）是在计算机辅助设计（CAD）等技术基础之上发展起来的多维模型信息集成技术，是对建筑工程物理特征和功能特性信息的数字化承载与可视化表达。

BIM 以三维数字技术为基础，集成工程项目各种相关信息的工程数据模型，为设计、施工、运维提供可协调的、内部保持一致的、可运算分析的信息，能够应用于水务工程规划、勘察、设计、施工、运营维护等各阶段，实现水务工程全生命期各参与方在同一多维建筑信息模型基础上的数据共享，为数据贯通、智能建造和智慧水务建设提供技术保障。

1. 一般要求

（1）水务工程 BIM 模型的创建应满足应用需求，以模型单元作为基本对象。

（2）创建不同类型或专业模型时宜使用数据格式相同或兼容的软件。当使用数据格式不兼容的软件时，应能通过数据转换标准或工具实现数据互用。

（3）BIM 实施主体应保证模型的准确性、数模的一致性。

2. 模型单元等级

（1）水务工程模型单元应分级建立，模型单元可嵌套和组合设置。

（2）模型单元应在水务工程全生命周期内被唯一识别。

（3）水务工程信息模型结构应具有开放性和可扩展性。

3. 模型精细度等级

最小模型单元是根据工程项目的应用需求而分解和交付的最小种类的模型单元。

模型精细度是BIM模型中所容纳的模型单元丰富程度，简称LOD。水务工程BIM模型包含的最小模型单元应由模型精细度等级来衡量。同时可根据水务工程各阶段的应用需求，在基本等级之中扩充模型精细度等级，见表3-1。

水务工程模型精细度等级　表3-1

等级	图示	模型信息	包含的最小模型单元	BIM应用
LOD1.0		水务工程基本信息描述及概念模型表达，包含水务工程BIM模型所带基本信息，如项目概况，基本地理信息，建筑、结构、电气等专业提资	项目级模型单元	1. 概念建模（整体模型） 2. 可行性研究 3. 场地建模，场地分析 4. 方案展示，经济分析
LOD2.0		深化项目级模型单元表达，达到功能级模型单元深度。水务工程专业信息描述及系统组成，包含水务工程BIM模型主体系统及所带基本信息	功能级模型单元	1. 初设建模（整体模型） 2. 可视化表达 3. 性能分析，结构分析 4. 初设图纸，工程量统计 5. 设计概算
LOD3.0		深化功能级模型单元表达，达到构件级模型单元深度。水务工程专业信息描述及详细的系统组成构件，包含水务工程BIM模型的主体构件及所带的全部信息	构件级模型单元	1. 真实建模（整体模型） 2. 专项报批 3. 管线综合 4. 结构详细构造、尺寸、配筋及工程量统计 5. 设备安装详细信息 6. 数字资产管理、工艺流程模拟等智慧水务管理应用

4. 模型单元信息深度等级

在水务工程建设中，模型单元信息深度会随着工程的推进而逐步深入。信息深度等级的划分，体现了工程参与方对信息丰富程度的一种基本共识。信息深度等级体现了BIM的核心能力。对于单个项目，随着工程的推进，所需的信息会越来越丰富。宜根据每一项应用需求，为所涉及的模型单元选择相应的信息深度（Nx）。

水务工程BIM模型宜将信息分成为项目信息、条件信息、身份信息等13类，信息分类的对象是信息，适用于所有模型单元。同时随着项目阶段的深入和载体的细化，对每类信息随着信息深度等级增加而增加的属性组，进行了描述和明确。随着信息深度等级 Nx 的增加，信息种类从项目信息到运维信息不断丰富，模型单元主体由项目级到构件级逐层拆解（见表 3-2）。

模型单元信息深度等级　　　　表 3-2

信息分类	信息分类代号	信息深度等级			
		N1	N2	N3	N4
项目信息	XM	项目基本信息	包含 N1	包含 N2	包含 N3
条件信息	TJ	项目环境信息、现状信息、规划信息等基础资料	包含 N1，增加项目初勘信息、现状详细信息、规划详细信息等基础资料	包含 N2，增加项目详勘信息	包含 N3
身份信息	SF	项目和单体子项的名称、标识、编号代码等信息	包含 N1，增加空间和系统的名称、标识、编号代码等信息	包含 N2，增加构件的名称、标识、编号代码等信息	包含 N3
对象信息	DX	项目、单体与对象：设计方、空间、系统、设备、构件间的关联关系	包含 N1，增加空间、系统与对象：设计方、空间、系统、设备、构件间的关联关系	包含 N2，增加设备、构件与对象：设备、构件间的关联关系	包含 N3，增加设备、构件与对象：供应方、安装方、调试方间的关联关系
时间信息	ST	设计时间、版本等信息	包含 N1	包含 N2	包含 N3
定位信息	DW	项目定位、空间定位、占位尺寸等信息	包含 N1，增加空间、系统、主要设备定位、占位尺寸等信息	包含 N2，增加构件定位、占位尺寸等信息	包含 N3
设计参数信息	SJ	主要专业单体总体设计参数信息	包含 N1，增加主要专业空间及系统设计参数信息	包含 N2，增加其他专业构件设计参数信息	包含 N3
构造信息	GZ	单体构造尺寸等信息	包含 N1，增加空间构造尺寸等信息	包含 N2，增加构件的构造尺寸等信息	包含 N3
技术信息	JS	主要设备材料清单，主要设备的主要技术信息等	包含 N1，增加主要设备材料的数量、规格、主要技术参数信息	包含 N2，增加所有设备材料的数量、规格、详细技术参数信息	包含 N3

续表

信息分类	信息分类代号	信息深度等级			
		N1	N2	N3	N4
说明信息	SM	项目建设背景、必要性、目标、标准；单体功能等说明描述信息	包含N1，增加空间和系统功能等说明描述信息	包含N2，增加构件的说明描述信息	包含N3
经济信息	JJ	估算指标、估算投资、经济评价指标等信息	包含N1，增加概算定额、主要设备材料价格、概算投资等信息	包含N2，增加预算定额、所有设备材料价格、概算投资等信息	包含N3
施工要求信息	SG			材料要求、施工要求、试验要求、施工注意事项等信息	包含N3，增加设备材料采购、工艺调试等信息
运维信息	YW				运行控制要求、工况调度要求、设备运行要求及运转注意事项等信息

注：参考《市政给水工程建筑信息模型（BIM）设计信息交换标准》表4.5.6。

5. 应用支撑

智慧水务中BIM技术的应用目标是通过将BIM技术与智慧水务管理平台相结合，更好地实现运维阶段信息的集成、共享和利用，提高水务运维管理水平。

智慧水务BIM应用宜结合智慧水务管理平台、物联网、移动通信等技术开展，具体内容包括但不限于运维模型创建、数字资产管理、工艺流程模拟、辅助运行管理等。

（1）运维模型创建

1）应基于竣工BIM模型创建运维BIM模型，运维模型应识别工程运维中非重点监控、展示的范围和内容，进而简化竣工BIM模型，并结合智慧水务运维的需要添加运维信息。

2）运维模型应进行轻量化处理，以满足与智慧水务管理平台集成的要求。

3）运维BIM模型创建流程如图3-2所示。主要包括以下环节：

数据准备，前期准备的数据包括但不限于竣工BIM模型、智慧水务运维需求、

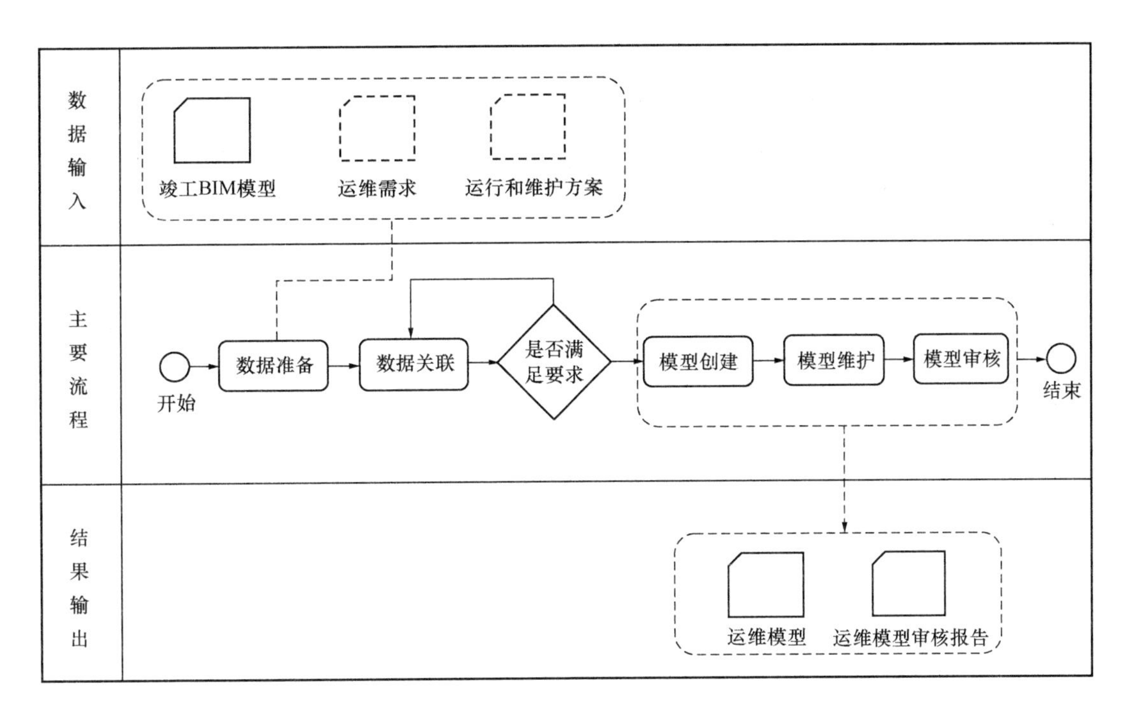

图 3-2 运维模型创建流程图

设备运行和维护方案等专题数据，宜以数字化形式呈现；

模型创建，在竣工模型的基础上，对模型中运维阶段非重点监控和展示的部分进行简化；

模型维护，以运维 BIM 模型为基础进行轻量化，并添加相应的工程运维需求信息；

模型审核，运维单位应对运维模型进行审核，重点审核模型与工程实体的一致性、运维信息的完整性；

结果输出，主要包括运维 BIM 模型，以及运维 BIM 模型审核报告等。

4）运维阶段应对运维 BIM 模型进行及时维护，现场设备、构件发生变化或更换时应对运维模型数据进行及时更新，以确保运维 BIM 模型与现场实体一致。

（2）数字资产管理

1）应能完整提取水务工程 BIM 模型中的资产信息，并导入智慧水务管理平台。智慧水务管理平台宜基于运维 BIM 模型对泵、风机、在线仪表、阀门等主要设备的资产信息开展管理、统计和分析，形成运维资产清单，并与运维 BIM 模型建立关联关系，实现水务工程数字资产信息的实时查询、动态管理、全面统计、深度分析、科学评估。

2）基于 BIM 的数字资产管理流程如图 3-3 所示，主要包括以下环节：

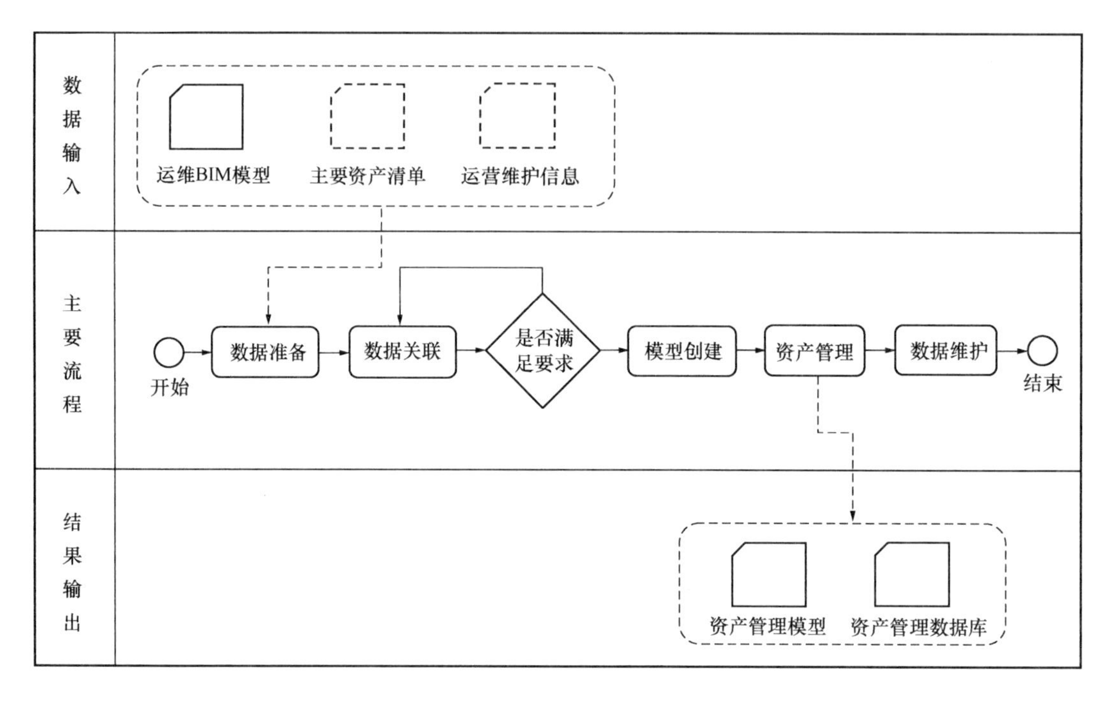

图 3-3　基于 BIM 的数字资产管理流程图

数据准备，前期准备的数据包括但不限于运维 BIM 模型、主要资产清单、运营维护数据等专题数据，以数字化形式呈现为宜。运维 BIM 模型宜包含完整的资产信息，可无损转换为数据库格式文件。应对水务工程的数字资产信息进行统一的梳理和分类。

模型创建，以运维 BIM 模型为基础关联主要资产信息，实现主要资产信息在模型中的定位管理。通过编码方式提取运维模型和业务系统的数字资产信息。在智慧水务管理平台中，将整理的水务工程数字资产信息进行编辑、展示和输出。

资产管理，基于运维 BIM 模型开展智慧水务管理平台中的数字资产管理，明确主要设备的资产类别、名称、位置、型号、采购信息、维护周期、运行状况、管养数据、模型编码等，并通过设备编码与设备模型进行关联，建立主要资产管理数据库。

数据维护，根据设备的维护、维修、更换等情况，及时在数据库中更新资产信息，保证资产数据的时效性。

3）基于运维 BIM 模型开展数字资产管理成果宜包含水务工程资产分类、统计、分析、发布数据，应对主要资产的定期维护、更换、检修、备品备件出入库等运维工作提供提醒服务。

(3) 工艺流程模拟

1) 水务工程宜利用运维 BIM 模型开展工艺流程模拟，应优先对水流方向、污泥流向、工艺处理单元的整体运行情况等进行模拟展示，以直观反映工艺处理流程和运行状态。

2) 基于 BIM 的工艺流程模拟如图 3-4 所示，主要包括以下环节：

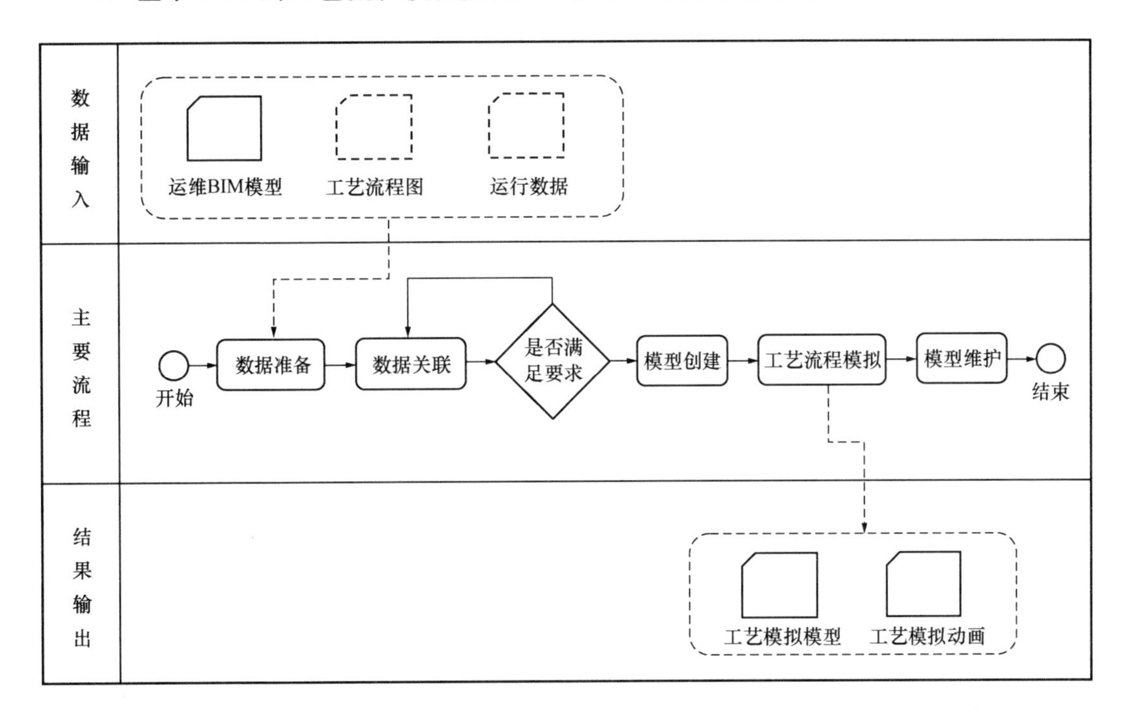

图 3-4 基于 BIM 的工艺流程模拟流程图

数据准备，前期准备的数据包括但不限于各构筑物的运维 BIM 模型、工艺流程图、运行数据等，以数字化形式呈现为宜。

模型创建，以运维 BIM 模型为基础关联主要运行数据，实现主要工艺流程在模型中的定位展示。

工艺流程模拟，基于运维 BIM 模型开展工艺流程模拟，展现水流方向、污泥流向、工艺处理单元的整体运行情况，创建主要工艺流程模型及工艺模拟动画。

模型维护，根据水务工程的改扩建情况，及时更新 BIM 模型，保证工艺流程模拟的时效性。

3) 成果宜包括工艺流程模拟模型、动画等。

(4) 辅助运行管理

基于 BIM 的辅助运行管理主要涵盖设备运行监测和应急预案管理。

宜基于运维BIM模型开展设备运行监测，将主要监测设备与其运行数据相关联，实现主要监测设备在模型中的定位管理，便于对设备运行状态和管养数据开展三维可视化监测。

宜基于运维BIM模型开展水务设施应急预案管理，可包括火灾救援、人员救援、水情应急、生产故障等应急预案管理。应急预案宜结合虚拟现实（VR）、增强现实（AR）等技术，以三维动画、模拟视频、专题图片等形式进行展现。可利用基于BIM的三维可视化预案成果，对相关管理人员进行宣贯。

3.1.2 GIS技术

地理信息系统（GIS）是用于输入、存储、查询、分析和显示地理数据的系统。地理信息系统作为《城镇水务2035年行业发展规划纲要》智慧水务规划建设的重要指标，其数据要满足水务业务的基础信息要求，精度满足国家规范要求，实现实时动态更新。

地理信息系统作为城镇智慧水务的实现基础和重要建设组成部分，包括GIS系统建设和GIS技术在各类业务场景中的有效应用。GIS系统在数据质量、精度、完整度以及软件在架构、开放度、功能等各方面的建设指标直接关系到智慧水务全局目标的实现；GIS技术通过与城镇水务相关业务标准、数据规范的深度融合应用，发挥数据和功能价值，提升GIS系统在城镇水务行业的应用水平。城镇水务地理信息系统的建构与应用，可更好地为智慧水务建设提供时空数据整治、数据表达、应用分析和共享交换服务，助力智慧水务的整体实现。

1. 一般要求

（1）总体框架

城镇水务地理信息系统包括空间数据库、数据管理系统、资源服务平台、查询分析系统、运行维护系统和业务应用系统。

（2）建设路径

城镇水务地理信息系统包含三个层级：层级一包含空间数据库数据管理系统；层级二包含资源服务平台、查询分析系统和运行维护系统；层级三是业务应用系统。高层级系统建设以低层级建设为基础，可根据实际需求和现有基础决定建设达到的层级。

2. 空间数据库

（1）一般规定

1）时空基准

空间基准应采用2000国家大地坐标系和1985国家高程基准。当采用其他独立坐标系和高程基准时，应与国家坐标系统和高程基准建立转换关系。

时间基准日期应采用公元纪年，时间应采用北京时间。

2）数据质量

应满足空间数据质量、属性数据质量和数据精度的要求。

（2）数据分类

城镇水务地理信息系统数据在逻辑上可分为基础地理数据、管网设施数据和业务管理数据，如图3-5所示。

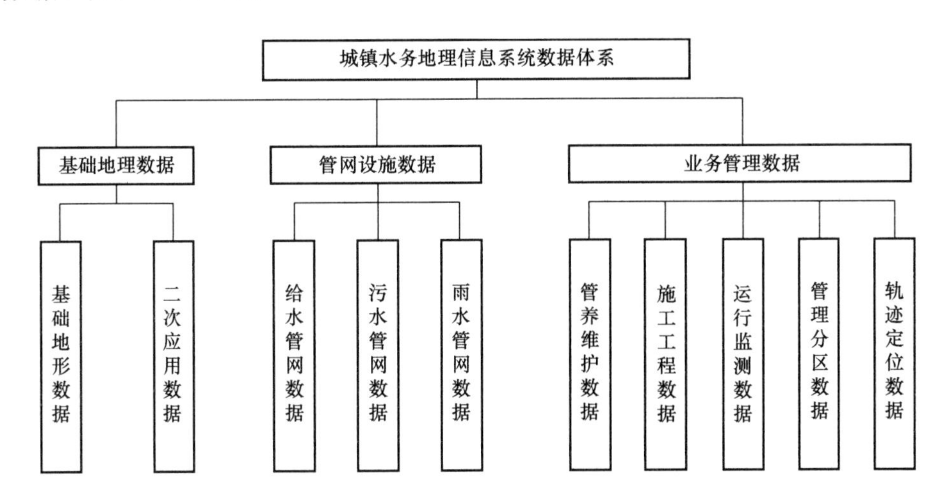

图3-5 城镇水务地理信息系统空间数据分类

1）基础地理数据

基础地理数据包括基础地形数据和二次应用数据。基础地形数据包括地形图、DEM、行政界线等数据，二次应用数据包括道路中心线、交叉路口、行政区划、POI等数据。

基础地理数据的内容和组织应符合现行标准《基础地理信息要素分类与代码》GB 13923—2022、《基础地理信息标准数据基本规定》GB 21139—2007、《城市地理空间框架数据标准》CJJ/T 103—2013的相关规定。

2）管网设施数据

管网设施数据包括给水管网数据、污水管网数据、雨水管网数据，其内容和组织应符合现行标准《城市综合地下管线信息系统技术规范》CJJ/T 269—2017、《地下管线要素数据字典》GB/T 41455—2022的相关规定，并包含以下内容：

① 给水管网数据，包括点设施、线设施和附属设施等。

点设施应包括：一般管线点、阀门、检修井、排气阀、排泥阀、水表、消火栓、水质监测点、测压点和测流点等，并可根据实际情况进行拓展。

线设施包括：给水管线。

附属设施包括：井室、水池和泵站等。

② 污水管网数据，包括点设施、线设施和附属设施等。

点设施包括：一般管线点、检查井、闸门井、倒虹井、跌水井和监测点等，并可根据实际情况进行拓展。

线设施包括：污水管线。

附属设施包括：井室、泵站和化粪池。

③ 雨水管网数据，包括点设施、线设施和附属设施等。

点设施包括：一般管线点、雨水口、检查井、闸门井、倒虹井、跌水井、排水口和监测点等，并可根据实际情况进行拓展。

线设施包括：雨水管线。

附属设施包括：井室、泵站、沉淀池和隔油池等。

3）业务管理数据

业务管理数据应包括管养维护数据、施工工程数据、运行监测数据、重点用户数据、管理分区数据和轨迹定位数据等，可根据自身业务需求增加其他业务管理数据。

① 管养维护数据

管养维护数据包括检测数据、巡检数据、维修数据和养护数据等。

检测数据包括检测路线、检测里程和覆盖率等。

巡检数据包括巡检区域、巡检路线、人员位置、巡检轨迹和覆盖率等。

维修数据包括维修点位数据和维修记录等。

养护数据包括养护方案、养护计划、养护人员和养护记录等。

② 施工工程数据

施工工程数据包括施工方案、规划图纸、施工用地范围、施工过程资料和竣工资料等。

③ 运行监测数据

运行监测数据包括城镇供水、城镇水环境和排水（雨水）防涝场景中的监测点位及其属性信息和监测指标数据。

④ 管理分区数据

管理分区数据包括给水管网 DMA 数据、污水管网纳污区数据和雨水管网汇水区数据。

⑤ 轨迹定位数据

轨迹定位数据包括巡检、养护、抢修和维修等城镇水务各类业务中产生的人、车和移动设备的定位信息和轨迹。

（3）数据采集

1）城镇水务地理信息数据采集包括基础地理信息数据的采集和管网设施数据的采集。

2）数据采集宜采用内外业一体化采集工具进行采集和入库。

3）基础地理信息数据采集应符合《基础地理信息要素分类与代码》GB 13923—2022、《基础地理信息标准数据基本规定》GB 21139—2007 的相关规定，采集内容为与水务行业密切相关的基础地理信息数据。

4）管网设施数据采集应符合《城市综合地下管线信息系统技术规范》CJJ/T 269—2017、《城市排水防涝设施数据采集与维护技术规范》GB/T 51187—2016 的相关规定。

5）管线数据获取应根据实际需求进行确定。管径≥50mm 的给水管线应进行数据采集，其他管径的给水管线宜根据需求进行数据采集；管径≥200mm 的雨水和污水管线应进行采集，其他管径的雨水和污水管线宜根据需求进行数据采集。

6）管点、管线及附属设施定位点数据宜采用北斗定位系统，可选用 RTK、全站仪等仪器采集，埋深数据可选用地下管线探测仪和地质雷达等进行采集。

7）城镇水务地理信息数据采集精度应符合现行标准《测绘成果质量检查与验收》GB/T 24356—2009、《城市地下管线探测技术规程》CJJ 61—2017 的相关规定。

（4）数据整合

应基于统一的空间基准、时间基准和数据分类标准，整合采集得到的各类数据，形成空间数据库。

3. 基础功能

GIS 数据的基础功能，能够为城镇水务数据管理人员实现管网 GIS 数据的存储、更新、高效编辑和数据质量保障。

（1）数据目录管理

管理本地数据资源、数据库和地图服务三种资源类型，并实现数据源的创建、数据结构的定义以及数据的导入、导出和预览。

（2）地图操作

实现地图缩放、漫游、复位、鹰眼、坐标显示、比例尺显示和图层管理等基本地图操作功能，距离、面积和角度测量等地图测量功能，地图标绘功能，基于坐标、标签的快速定位和拾取等地图辅助功能，以及常见的矢量、栅格数据、OGC服务、在线地图服务的加载、查看和移除功能。

（3）地图表达

支持地图的快速和复杂标注，图层的多级分组和按条件和比例尺控制显示，按照单一符号、分类、组合分类和表达式等方式制图表达，并能够实现地图的快速和基于模板的打印。

（4）数据导入

将SHP、DWG、Excel、文本格式和探测成果点线表等类型数据转换为管网设施数据并入库；提供导入数据质量检查功能，包括拓扑关系、飞点、重叠线、相交线、重叠点和属性规则的检查，并输出检查报告，支持入库前导入成果预览。

（5）管网数据编辑

城镇供排水管网数据因其特殊的结构和应用场景，在日常数据编辑更新时，有以下场景：

1）管点录入：需要区分设备类型，通过地图描点或输入坐标的方式进行录入。

2）管线录入：应支持连续录入管点进行自动连线或手动对已有管点连线实现管线的录入，并对管点的角度进行自动维护，针对管线和管点中相同的属性，管线属性应自动继承管点中已有值。

3）移动管点：选中管点，并通过地图点选或输入坐标指定新的管点位置，并根据拓扑关系，自动更新管点相连管线的形状。

4）线上加点：在已有管线上的指定位置添加新的管点，同时对原有的管线进行打断。

5）合并管点：支持选择管线上管点进行合并，同时改变管线的形状，针对合并后的管点应基于规则进行属性的自动填充。

6）控制点编辑：支持在管线上添加、移动、删除控制点。

7）属性编辑：支持对管点、管线的属性进行编辑，并适配数据规则，对数据类型、枚举值等进行录入控制。

8）辅助编辑功能：应提供根据两圆相交、两线相交、点线夹角、过点作垂线、过点作平行线等辅助录入功能；在数据编辑过程中，应提供点、线的吸附功能。

9）撤退与重做：应支持对空间和属性编辑的撤退与重做功能。系统应通过任务管理机制支持离线编辑，对任务范围内的数据进行锁定，防止数据修改冲突，在编辑工作完成后，经过质检和审核回帖入库，实现数据更新。

（6）数据检查

包括空间数据检查和属性数据检查。空间数据检查包括拓扑检查、重叠点检查、重叠线检查、相交管线检查、飞点检查、超短线检查、近线点检查、连接度检查、连通性检查和连通分量检查；属性数据检查包括空值检查、唯一值检查和枚举值检查。

（7）数据维护

基于数据规则实现批量维护，包括设备类型修改、角度维护、管长维护、属性规则维护、设备合并、附属数据关联。

4. 服务共享

GIS数据和功能主要是通过提供一系列标准的技术，经过发布、管理和认证，以服务的形式为各类智慧水务上层应用提供能力支撑。

（1）数据访问

实现对本地数据资源，数据库资源，地图服务、功能服务和专题服务资源三种类型的数据访问，能够获取相关的坐标系、元数据和数据字典信息，便于开展数据分析。

（2）服务发布

针对地图服务，应基于OGC服务框架提供数据共享服务，包括WCS、WMS、WFS、WMTS和WPS。

针对功能服务发布，应采用接口方式对外提供，接口设计应定义接口名称、功能、输入参数和输出参数等，并提供接口应用的示例。

（3）服务管理

服务状态管理包括对服务启动、停止、新增和删除的管理。

服务的访问认证需要遵循申请—授权的原则，可通过秘钥、Token和证书等各种类型的许可证实现在线认证，对数据访问的认证需按照提供按照图层、属性、空间范围和条件过滤的授权认证功能。

服务资源管理可以针对每个服务和授权证书，管理可以使用的最大内存、线程数和硬盘空间等内容。

5. 应用支撑

（1）查询分析技术

通过浏览器或移动设备为城镇水务各级管理者和业务人员提供管网设施数据的查询和分析服务，实现广泛的和大众化的数据应用。

查询和统计包括以下应用场景：

1）基于坐标点、POI、交叉路口和地名地址的快速定位功能。

2）通过点击、沿线、矩形和任意多边形等多种查询方式。

3）按照管网的设备分类和属性进行查询。

4）按照属性的分类、求和等方式，对管长和设施设备数量的统计。

在结果展现上，具备列表、柱状图、饼状图等多样化展示方式，能够将结果进行导出。可以通过变色、高亮和闪烁等方式对查询结果进行突出展示。

应按数据的属性和空间位置进行组合查询，并能够将常用查询方案进行保存，以提高业务应用的便捷性。

业务分析包括基于GIS数据基础分析和城镇供排水业务的分析场景：

1）基于数据的分析能力，包括横断面分析、纵剖面分析、最短路径分析、连通性分析和连接度分析。

2）基于给水业务应用的分析能力，包括爆管分析、检修分析和停水分析功能，可分析得到必关阀门、可选阀门、受影响设备和受影响用户，并提供二次关阀分析的功能。分析结果保证足以制定关阀方案和维修计划、确定受影响范围和受影响用户，并借助网络精确发送消息提醒。

3）基于污水和雨水业务应用的分析能力，包括流向分析、溯源分析、服务面积分析和汇水范围分析，为管网的工程建设相关问题如大管套小管、逆流管和污染源查找提供分析依据。

（2）定位和轨迹技术

在管网巡检工作中，通过使用管网GIS数据和基础地理数据，精确地生成巡检路径和必经点位，清晰地指引巡检人员完成巡检工作，提高巡检效率，确保巡检质量，实现巡检工作的精细化管理。

借助 GIS 的地理空间定位服务实时记录外勤人员的定位，结合轨迹分析模型，实现对巡检人员位置、速度、轨迹、停滞点和停滞时长、在线时长和在线里程的监管，对人员外勤工作情况进行量化评价。

应急队伍在执行应急工作过程中，借助 GIS 路径规划能力，确保以最优方案到达应急基地和抢修点开展工作，提高响应速度和事件处理效率。

（3）GIS 专题展示技术

在管网日常养护过程中，以管网 GIS 数据为基础，可视化展示管网数据各属性特点设备的分布情况，设定重点养护区域，根据设备的使用年限、维修历史以及不同设备的养护要求制定养护计划，合理分配养护资源。

在排水管道检测和缺陷判别过程中，通过对管道检测资料的数字化处理与入库，将管道检测视频和管道缺陷等资料与 GIS 进行关联，实现检测视频和缺陷数据在管道中的精确定位，方便管网运维人员开展复查和修复工作。并实现不同指标、类型的缺陷可视化展示，帮助管网管理人员掌握管网整体的缺陷病害情况，优化管道检测计划，为后续的缺陷修复和管网规划提供决策支持。

在应急抢修过程中，基于 GIS 地图展示应急队伍、应急车辆、应急基地、应急物资等应急资源的空间分布，便于应急管理人员做好应急前准备，并在应急指挥中做出合理的资源调度决策。

（4）GIS 模型分析技术

GIS 技术提供了大量多维度和多目标的复杂业务分析模型，为水务数字孪生的模拟仿真提供模型和算法支撑。

在漏损控制中，基于 GIS 管网拓扑关系及分区规则，结合供水管网智能分区算法和监测点布设算法，可快速准确地对供水管网进行分区，合理铺设计量器具。

在供水风险评估过程中使用爆管预测模型和输配调度模型，且基于管网拓扑和水力模型数据可实现爆管预测及提供管网出水调度建议。

在城市水环境的污染物查找中，需要结合排水溯源模型和污染物平衡模型，辅助定位污染物的来源和去向，方便及时采取措施。

3.1.3 网络通信

网络是连接用户、数据和算力的基础，由新兴技术、应用和场景带来的数据量持续增长以及业务升级对网络提出了更高速率、更低时延和更广覆盖的需求。在城镇智慧水务中，网络通信起上传下达的作用，上传即将现场终端如各类仪表监测、设备状态和摄像头监控通过网络通信传输至数据中心或云；下达即将生产调度指令和日常运行维护任务通过网络通信传输至设备或运维人员。

1. 一般要求

网络作为智慧水务基础设施，应与智慧水务的业务应用架构与数据管理架构相匹配，包括网络通信系统、计算存储系统和实体环境（数据中心机房部分）等。总体要求如下：

（1）根据智慧水务建设过程中的感知设备接入网、业务节点局域网、政务外网、工控专网和互联网等不同网络需求特点以及使用场景要求，网络通信系统应明确网络架构、组建形式、网络接入方式、设备选型原则、通信协议种类和安全保密方法等。

（2）支持云计算和边缘计算等软硬件系统配置方案，应根据业务节点规模和人员技术配备等因素进行设计，并且满足设备与系统软件自主可控化应用趋势和要求。

2. 技术要求

智慧水务网络设施应采用中心（云）、边缘、端三层架构，如图 3-6 所示。

（1）中心侧网络

中心侧网络是智慧水务系统的核心基础设施，它负责连接物联感知层、数据层和应用层，是整个系统的数据传输和处理中心。为了保证网络的可靠性、安全性和稳定性，中心侧网络应该按照相关行业标准进行网络区域划分。常见的划分方式包括核心业务区、公共服务区、互联网访问区和运维管理区等。不同区域之间应采用双链路网络进行连接，保障通信的高可用性。

网络资源管理应将物理和虚拟网络资源相结合形成的资源池进行统一管理调度，应采用网络虚拟化实现一个物理网络上模拟出多个虚拟网络，网络虚拟化应包括网卡虚拟化、物理网络设备虚拟化、租户网络虚拟化以及网络功能虚拟化。

网络应引入软件定义网络技术，支撑计算、存储和网络等信息通信技术基础设施大规模资源池化，提高网络扩展能力和可靠性；网络应基于大数据分析技术和智能检测技术，对网络中不同业务运行状态、服务质量等做到实时监控、主动运维。

网络服务的定级、备案、建设和测评应符合现行国家标准《信息安全技术　网络安全等级保护基本要求》GB/T 22239—2019 的规定。网络安全服务应该包括虚拟私有云、安全组、VPN、虚拟防火墙、弹性 IP、弹性负载均衡、NAT 网关等服务，以

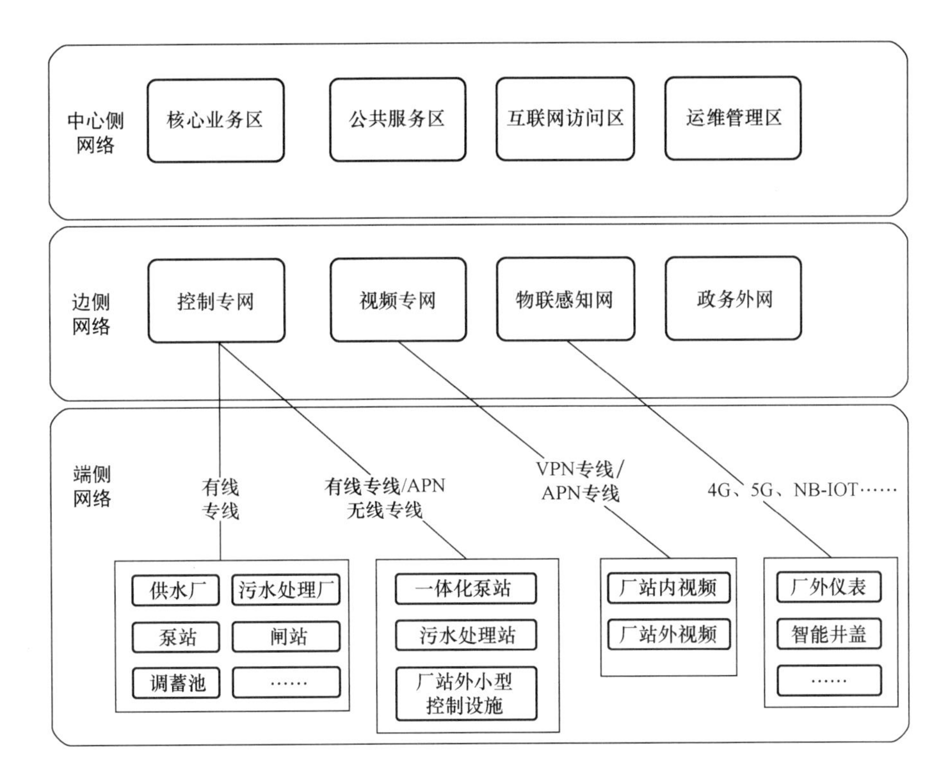

图 3-6　智慧水务网络示意图

期提供全面的安全保障。

（2）边缘侧网络

边缘侧网络应提供政务外网、物联感知网、视频专网以及控制专网。这些网络应相互之间进行物理隔离或逻辑隔离，以保证网络的安全性和稳定性。其中，控制专网与其他网络应采用物理隔离的方式进行划分，而控制专网与政务外网之间则可通过网闸交换数据。为保障网络的高可用性，在关键节点建议采用设备和链路冗余设计。

边缘侧网络设施应具备 VPN 和网络切片等隔离能力，并且宜提供业务差异化的质量保障能力。同时，应符合现行国家标准《信息安全技术　网络安全等级保护基本要求》GB/T 22239—2019 的有关规定，并具备安全态势感知能力，以及与网络设备协同联动处置闭环安全威胁的能力。

边缘侧网络设施应具备快速故障定位能力，以便在网络故障或网络服务质量恶化时及时进行处理，推荐采用 iFIT 随流检测技术。此外，设施应具备先进性，例如支持软件定义网络、IPv4/IPv6 并存和智能运维能力，以确保网络的高效运行。同时，为了支持 IPv6 业务的识别和保障，应采用 APN6 技术进行业务识别并进行带宽保障和网络质量监控。

（3）端侧网络

端侧网络应支持多种感知信息，包括水情、雨情、工情、水质、水量、液位、压力和图像等信息的传输。考虑到站点环境的复杂性，可以选择多种通信方式进行部署，例如固定网络、NB-IoT、LTE Cat. 1、4G 和 5G 等传输方式。此外，应支持 VPN 等加密传输能力，并建议支持国密算法。同时，应支持 IPv4/IPv6 双栈技术，并在有条件情况下支持 IPv6 单栈技术。为确保网络安全，应支持白名单、MAC 地址认证、802. 1x 及数字证书等接入控制技术。

智慧水务感知终端众多，安装环境复杂，业务模型差异比较大，网络通信技术的选择应结合智慧水务终端安装环境、业务模型等特点，选择合适的网络通信技术。比如针对水表和井盖等类型的、安装环境隐蔽、无供电条件、位置固定、小数据量和时延不敏感特点的终端，可利用 NB-IoT 等技术深覆盖、低功耗和低成本的特点进行规模部署；针对管网监测终端、集中器和流量计等采集频率高，或者有实时下行控制需求的中低速率物联网应用场景设备，可采用 LTE Cat. 1 等技术进行联网；针对高清摄像头、AI 巡检等高带宽和时延要求高的物联网应用场景设备，建议采用 4G/5G 和有线专线等技术进行联网。同时对于数据传输质量要求高的业务，可以选用差异化 QoS 来获取高等级的 QoS 保障。

3.2 在线监测技术

在线监测技术的核心是实时动态监测的数据和信息。实时动态监测的指标包括降水、流量、液位、水质、压力、设备运行状态以及视频等。指标监测需要仪表设备，包括雨量计、流量计、液位计、压力变送器、设备状态监测传感器和摄像头等。根据城镇水务的全流程各环节所处的环境、条件和特性不同，需要因地制宜地选择适合的监测仪表设备。在线监测为数字化管理、智能化控制、智慧化决策提供数据信息支撑，所以其精度、准度、频率和覆盖度都直接影响智慧水务建设，同时又要兼顾成本，按需布置监测点，避免过度建设。

3.2.1 一般要求

通过关键节点在线仪表的部署，同时配套供电和数据传输等设施，构建城镇水务在线监测系统，实现城镇水务全范围和全流程的动态监测。并将在线监测设备上传的大量的按照时间排列的数据存储到时序数据库进行查询、统计和分析。同时应建立基于多项预报警准则的通用异常预报警机制，并将其与特定应用场景适配，对异常情况进行预报警，实现高准确率、低误报率和低漏报率的智能预报警。

3.2.2　技术要求

（1）在线监测设备的性能应符合现行有关标准和规范的要求。

（2）对电气仪表进行日常运维管理，包括电池寿命、电流、电能、功率、功率因数和设备运行状态等。

（3）在线监测系统的供电系统应安全可靠，工作环境应满足设计要求和环境适用要求。重要的监测点和涉及计量的在线仪表应具备不间断电源供电功能。

（4）在线监测数据库宜采用时序数据库（TSDB），时序数据库是一种特定类型的数据库，主要用来存储时序数据，具有存储成本低、安全保障高、计算能力强和读写效率高等优点。

（5）数据应满足实时性和准确性等要求，且存在异常数据的监测点位应尽快进行现场核实和整改。在异常数据处理恢复前应采取应对措施以保证生产过程监控连续性。

（6）应建立日常运行维护和定期校准机制。

（7）对在线监测网络构建及数据采集与分析应用宜采用成熟的理论方法，包括但不限于采用技术服务等方式提升在线监测数据的使用价值。

（8）城镇水务在线监测技术，除应符合本指南外，尚应符合相关现行国家标准的规定。

3.2.3　监测技术

1. 降水监测

降水量是水资源的重要基础资料之一，降水量监测是在时间和空间上进行的降水量和降水强度观测。

（1）监测布点技术

城镇历史积水点及内涝区域应进行雨量监测，可及时反映内涝隐患点实时状况，以便进行应急指挥与调度。

（2）监测产品技术

目前常见的降水量在线监测产品包括翻斗式雨量计、虹吸式雨量计、融雪型雨雪量计和称重式雨雪量计。常见降水量在线监测产品的对比详见附录B。

1）翻斗式雨量计

工作原理：雨水由最上端的承雨口进入承水器，经漏斗口流入翻斗，当积水量达到一定高度（比如0.1mm）时，翻斗失去平衡翻倒；随着降雨持续，将使翻斗左右翻转，接触开关将翻斗翻转次数变成电信号，送到记录器，在累积计数器和自记钟上读出降水资料，如此往复，即可将降雨过程测量下来。

适用条件：适用于气象台（站）、水文站、农林和国防等有关部门用来遥测液体降水量、降水强度以及降水起止时间。

2）虹吸式雨量计

工作原理：虹吸式雨量计由承雨器、虹吸、自记和外壳四个部分组成。在承雨器下有一浮子室，室内装一浮子与上面的自记笔尖相连。雨水流入筒内，浮子随之上升，同时带动浮子杆上的自记笔上抬，在转动钟筒的自记纸上绘出一条随时间变化的降水量上升曲线。当浮子室内的水位达到虹吸管的顶部时，虹吸管便将浮子室内的雨水在短时间内迅速排出而完成一次虹吸。虹吸一次，雨量为10mm。如果降水现象继续，则又重复上述过程。最后可以看出一次降水过程的强度变化、起止时间，并算出降水量。

适用条件：适用于气象台（站）、水文站、农业和林业等的降雨量的测量。

3）融雪型雨雪量计

工作原理：融雪型雨雪量计是利用加热、不冻液等方式将固态降水（雪、雨夹雪）融化为液态后，进行雨雪量自动测量的仪器。融雪型雨雪量计由融雪装置、雨量传感器和记录器三部分组成。

适用条件：适用于气象台（站）、环保、水文站、农业和林业等的降雪（雨夹雪）量的测量。

4）称重式雨雪量计

工作原理：采用高精度压力传感元件，依靠称重法及敞开式的采样桶设计，可实时、长期、稳定和高精度地测量液态、固态或固液混合等不同强度和形式的降水，并通过称重质量换算为降水量。

适用条件：应用于水文、气象、海洋、交通、科研、机场、国防、城市内涝以及山洪预警等领域，并可应对暴雪和暴雨极端气候监测。

2. 流量监测

（1）监测布点技术

为了实现对城镇安全供水和污水排放等的有效监控，需要对市政管网和设施进行流量监测，以获得水流的瞬时流量、瞬时流速和累计流量等多种监测数据：

1）对水厂工艺段、管网及泵站进出水和调蓄池进出水进行流量测定；

2）雨水污水管网及合流制管网关键节点如污水截流井、初雨截流井等重要节点应进行流量测定；

3）排口、河（湖）道、渠道宜进行流速流量测定。

（2）监测产品技术

流量计产品应具备高品质、高精度、宽量程和通信稳定等特点，目前常见的流量计包括超声波多普勒流量计、雷达流量计、时差法超声波流量计和电磁流量计。常见流量在线监测产品的对比详见附录 B。

1）超声波多普勒流量计

工作原理：超声波多普勒流量计，采用连续波超声波多普勒原理（速度面积法）。发射声波与接收声波之间的频率差，即由于流体中固体颗粒运动而产生的声波多普勒频移。因频率差正比于流体流速，则可通过测量频率差求得流速。

适用条件：适用于加药、明渠、大管径供排水管网流量的监测。

2）雷达流量计

工作原理：雷达流量计以物理学中的多普勒频移效应为基础，当水流运动时将与流量计之间发生相对运动，使仪器所发出的雷达波信号产生频率的偏移，频率的偏移和水的流速成正比，通过测量频率偏移测量水体的流速，再利用脉冲雷达测得水位、结合断面数据计算出动态过水面积，根据测量的流速和过水面积计算出瞬时流量。

适用条件：适用于水库闸口、河道、灌渠、地下排水管网等场合进行非接触式流速、水位、流量测量。

3）时差法超声波流量计

工作原理：时差法超声波流量计就是利用声波在流体中顺流、逆流传播相同距离时存在时间差，而传播时间的差异与被测流体的流动速度有关系，因此测出时间的差异就可以得出流体的流速，也就可以计算出流体的流量。

时差法超声波流量计在管道监测中按照不同的安装方式分为：外夹式、管段式、插入式和内贴式安装等。

适用条件：适用于满管和非满管管道、渠道、涵洞、明渠以及河道等。

4）电磁流量计

工作原理：应用电磁感应原理，根据导电流体通过外加磁场时感生的电动势来测量导电流体流量。

适用条件：适用于满管流和水厂工艺段（如加药）等的流量监测。

5）水表

水表主要应用于供水计量，目前的常见水表产品包含机械式水表、螺翼式水表、超声波水表和电磁式水表等。

适用条件：入户流量监测。

3. 液位监测

（1）监测布点技术

液位监测布点应根据城市设施、管网运行安全风险评估和现场安装环境条件综合确定：

1）对水箱、水池液位进行监测，便于根据液位联动控制进出水闸阀，保证水箱、水池液位合理不溢出，优化水厂生产调度。

2）对河湖水体及沿岸适当位置进行液位监测。

3）初雨调蓄池、泵站集水池和进水调节池应进行液位监测。

4）对城镇历史积水点和易涝点、重点路段的雨水管网节点、主干管节点、雨水泵站的进水管、主要雨水排口和合流制排口等进行液位监测。

（2）监测产品技术

目前常用的在线液位监测仪有接触式和非接触式两种：接触式的有电子水尺、压力式液位计和气泡式液位计，非接触式的有超声波液位计和雷达液位计。常见液位在线监测产品的对比详见附录 B。

1）电子水尺

工作原理：电子水尺是新一代数字式传感器，利用水的微弱导电性原理测量电极的液位获取数据，误差不会受环境因素影响，只取决于电极间距。

适用条件：江河、湖泊、明渠等对象，以及城市道路积水等易涝点对象。

2）压力式液位计

工作原理：根据所测液体静压与该液体液位高度成正比的原理 $P=\rho gh$，采用扩散硅原理压力敏感元件，将静压装换成电信号。

适用条件：城镇供水、污水处理、水库和河道等领域的液位监测。

3）气泡式液位计

工作原理：将空气通过空气过滤器过滤、净化后，经气泵压缩产生气压，气体分两路分别向压力控制单元中的压力传感器和通入水下的通气管中输送，当气泵停止工作时，单向阀闭合。水下通气管口的压力和压力控制单元的压力传感器所承受的压力相等，用此压力值减去大气压力值，即可得到水头的净压值，从而便可得出测量液位值。

适用条件：适用于流动水体、大中小河流、水库，或者水体污染严重和腐蚀性强的工业废水等场合。

4）超声波液位计

工作原理：超声波液位计是通过换能器（探头）发出高频超声波脉冲，该声波遇到被测液位表面被反射回来，部分反射回波被换能器（探头）接收并转换成电信号，利用声波发射与接收的时间差，以及声波传播速度计算液面高度。

适用条件：湖泊、水库、河口、渠道等领域的液位测量。

5）雷达液位计

工作原理：雷达式液位计是通过天线发射极窄的微波脉冲，这个脉冲以光速在空间传播，遇到被测介质表面，其部分能量被反射回来，被同一天线接收。发射脉冲与接收脉冲的时间间隔与天线到被测介质表面的距离成正比。

适用条件：渠道、河道、水库等领域的液位测量。

4. 水质监测

（1）监测布点技术

1）对原水环节、净水厂环节、输水环节进行化学需氧量（COD_{Mn}）、氨氮、电导率、溶解氧、浊度、余氯、酸碱度等水质指标的监测，以保证水质达标。

2）在河湖水体及沿岸适当位置布设电导率、溶解氧、浊度、氨氮、酸碱度等水质监测点位。

3）对排水户、重要分支管网节点及沿河截流系统节点、污水截流井、初雨截流井、调蓄池、污水泵站、重要排口等进行化学需氧量（COD_{Cr}）、氨氮、悬浮物浓度、电导率、酸碱度等水质监测。

4）对污水处理厂进出水、处理单元水进行化学需氧量（COD_{Cr}）、总磷、总氮、溶解氧、悬浮物浓度、氨氮、氧化还原电位、污泥浓度、酸碱度、硝态氮等水质监测。

（2）监测产品技术

1）从分析方法方面来看，国内常规水质自动监测产品主要采用分光光度法、电化学法等传统分析方法，性能指标满足水质检测要求，可实现水质常规指标的检测，该种分析技术成熟可靠，符合现行国家、行业标准；此外，部分国内企业提出全光谱污染物快速筛查和溯源方法，可完全满足水质监测预警、评价及考核等要求；对于重金属、VOCs等特征水质指标，大部分国内厂家技术路线同国外产品（分光光度法、阳极溶出伏安法、气相色谱法），仅少数高端仪器制造商推出基于质谱技术的监测预警产品，已处于国际领先地位。

2）从产品的配套性方面来看，国内常规水质自动监测产品的品种较丰富，大部分厂家基本能覆盖酸碱度、水温、浊度、溶解氧、电导率、氨氮、化学需氧量、高锰酸盐指数、总磷和总氮等常规水质指标的监测，但对于重金属等特征指标，由于分析方法的限制，存在监测指标不足、检出限不足以及定性定量能力不足等问题，仅少数高端仪器制造商采用的基于质谱技术的监测预警产品，可实现对地表水水质常规指标、重金属等特征指标全覆盖监测。

3）从产品的应用部署类型来看，主要包括多指标水质自动监测超级站（以湿化学准确定量检测法为主）、多指标水质监测微站（以全光谱快速检测法为主）、单指标原位水质监测仪（光谱法/电极法）、水质自动采样器（仍需采用实验室设备或便携式检测仪器对水样的相关指标进行检测分析）等。

水质监测指标分析方法的对比详见附录B。

对于水质在线监测而言，如果对水质监测数据准确性要求高、时效性要求不高并且有合适的地面安装空间，则通常需要采用国标法进行在线监测，如建立传统的水质监测站；针对水质监测数据时效性要求高、准确性相对较高且设备安装空间受限的情形，例如城镇供排水管网节点的水质在线监测，则多采用非标法对水质变化趋势进行监测和预警。

5. 压力监测

（1）监测布点技术

1）对净水厂（站）出水、压力转输管和供水管网关键节点等进行压力监测。

2）对污水处理厂曝气系统、压力转输管等进行压力监测。

3）对排水管网提升泵站设施进行压力监测，实时掌握排水转输系统状况。

（2）监测产品技术

产品类型：目前常见的压力监测设备可分为电阻式压力变送器、电容式压力变送器、压阻式压力变送器、压电式压力变送器、扩散硅压力变送器、陶瓷压力变送器和光纤压力传感器等。

选用规则：压力监测设备的选用需综合考虑使用对象、使用环境、压力种类及大小、测量精度、安装要求和经济成本等因素，以确定压力监测设备的测量形式、量程及允许精度误差范围和防护等级等，从而选定合适的压力监测设备。

6. 状态监测

（1）监测布点技术

对设施、泵站电气设备进行启停、电量（电流、电能、功率、功率因数等）、振动状态和噪声监测。

电量及相关监测主要服务于能耗管理和成本管理。根据行业相关标准，55kW 及以上用电设备应进行电量监测，企业可根据实际管理情况提高要求，对相关重要生产环节进行电量实时监测。

噪声监测设备除针对大型设备外，主要服务于管网漏损监测，进行漏损管控分析。应包含以下功能特性：声音和视觉泄漏检测、存储噪声水平和频率、音频数据直接记录、历史功能和测量数据的比较和实时测量等。

（2）监测产品技术

设备电量监测通过多功能电表进行监测，振动和噪声通过传感器进行监测。

管网噪声记录仪是通过检测管壁的振动来监测管道是否产生泄露的设备，在市政工程中应用非常广泛。

7. 环境监测

环境监测包括视频监测和其他运行环境监测。

（1）视频监测

1）监测布点技术

① 在河湖水体关键断面及沿岸适当位置布设视频监控点位；

② 在水厂工艺运行关键段、重要泵站、调蓄池、截流井和排口布设视频监测点位；

③ 对重要调蓄设施、路面易积水区域、河、湖和水库等进行视频监测。

2）监测产品技术

产品类型：目前主流摄像机的类型分为红外摄像机、星光摄像机、黑光摄像机和全彩摄像机等，摄像头又分为枪机和球机。

适用范围：红外摄像机的夜视效果低于0.2lx照度下开启红外灯，画面变为黑白模式，适用于视野半径为30m的场所；星光摄像机的夜视效果在0.2lx照度下可保持全彩画面，适用于视野半径为50m的场所；黑光摄像机的夜视效果在0.0005lx照度下可保持全彩画面，适用于视野半径为250m的场所；全彩筒摄像机的夜视效果在0.0005lx的照度下可保持全彩画面，适用于视野半径为30m的场所；双光谱重载云台摄像机的夜视效果在0.002lx的照度下可保持全彩画面，适用于视野半径为4～5km的场所。

（2）其他运行环境监测

1）监测布点技术

监测设备、设施的运行环境数据，主要包括温湿度和气体环境（如硫化氢、甲烷）等。

2）监测产品技术

传感器：目前常见的气体在线监测传感器可分为电化学法传感器、光谱法传感器和催化氧化（燃烧）法传感器。其中，光谱法因具有非接触、抗干扰强、测量准确、精度高、使用寿命长等特点成为气体检测的技术主流方向，常用于甲烷、硫化氢、氯气等有毒有害气体的连续监测。

在线光谱分析：目前常见的气体在线光谱分析法包括非色散红外（NDIR）、傅立叶变换红外光谱（FTIR）、差分吸收激光雷达（DIAL）、差分光学吸收光谱（DOAS）和可调谐二极管激光吸收光谱（TDLAS）等。

3.3 数字化管理技术

水务数字化管理是通过现代管理理念，对生产运营进行业务数字化改造，实现生产管控各环节的数字化统一，提升生产过程的监管和应对处理能力，提升管理效率和服务能力，促进企业快速发展，推动目标管理、过程管理、执行管理以及结果管理，实现高效性、共享性和协同性，最终实现管理精益化的目标。数字化管理的管理对象包括运维人员、设备、仪表、系统、物料、成本和资产等。通过对仪表、设备、工艺处理系统和管网系统进行日常巡检和维修养护，让在线监测的仪表、智能控制的设备和智慧决策的系统更加稳定可靠；同时通过在线监测数据分析、智能控制工艺环节优化以及智慧决策系统调度建议，对运行成本和运行效率实现数字化管理。

3.3.1 一般要求

（1）应遵循先进性，充分利用当今水务行业先进成熟的技术，引进先进的设计理念并适度超前，紧密围绕管理模式创新；当前信息技术正在突飞猛进地发展，在保证业务正常运行的情况下，通过新技术应用提高数字化管理水平。

（2）应遵循规划先行，从提出到实施要立足行业和企业发展，以系统性规划引领，站在全局优化的高度，统筹安排各项资源，合理设计建设步骤。

（3）应遵循系统化设计，统一标准，统一管理方式和方法。面向全局，综合集成，避免数据重复录入和系统重复建设，提高资源利用率；通过合理利用和有效配置公司现有的信息资源，逐步消除众多遗留的异构性和标准差异性问题。

（4）应采用成熟架构，要有完善的安全和质量保障体系支撑；采用高可用技术进行模块设计，以保证在日常使用过程中，不会存在单点故障，在出现问题之后，可快速激活切换至备用模块，以保证对业务的不间断支持。

（5）应契合业务本身，以满足业务需求、业务操作和用户体验为出发点，把已有的系统当作获取信息和数据的基础部分；对于整体设计存在严重差异的、本身已不具备应用价值的以及与实际业务严重不符的系统，应考虑废弃。

（6）应考虑数据需求，涉及各类数据来源、数据库结构、数据的调取和应用等。数据治理的目的是确保根据数据管理制度和最佳实践正确地管理数据，是数字化管理的基础。数据治理服务于数字化管理，应两者相结合考虑。

（7）应保留设计弹性，能适应企业未来业务模式的变化，不仅要解决目前存在的问题和需求，还要考虑公司未来发展的需求。数字化管理工具应具有可扩展性和接口灵活性等特点，适应企业业务模式的不断变化，合理预测环境变化可能带来的影响，在规划时留有适当余地。

（8）应做好方案策划，对外部环境、内部条件、管理需求、经营现状和成本收益等情况进行客观评价，合理选择实施路径：可以立足整体发展战略，建立全面的数字化管理体系及跨部门综合协调机制，推进水务管理业务全面转型；也可以解决实际问题为导向，针对不同业务环节分阶段推进数字化转型，并根据不同路径制定实施方案。

3.3.2 技术要求

考虑到不同业务领域、不同规模企业在业务需求、基础能力、管理水平等方面存在较大差异，而同类企业对数字化管理的需求和条件较为类似，本节聚焦新型管理能力构建，遵循数字化管理过程的实施逻辑，要求从业务流程调整和管理入手，推动业务模式变革和数字化管理工具双向协同建设，实现数字化管理的闭环体系。

1. 数据监测管理

应通过数字化技术进行监测数据的统一呈现，并提供便捷的查询和统计能力。数据监测要注重数据采集的全面性和共享性，能够在同一系统上呈现跨地域、跨流程的数据信息，也要实现数据的分级呈现和分类呈现。数据监测管理应具备便捷的多维数据查询能力，能够根据检索的时间项快速掌握数据变化趋势。数据监测应注重数据的可读性，可基于工艺过程图、厂网连通图和地图分布等形式呈现数据。同时，应提供报警能力，可对生产过程关键数据项进行报警的相关设定和处理，包括设置报警策略、报警转发策略和报警触发阈值，显示实时报警状态，记录报警处理信息以及查询历史报警数据等。

2. 巡检管理

应实现巡检工作的数字化管理。要加强巡检移动过程的监管，实现巡检人员的定位、异常停留的报警、巡检时间和轨迹信息的储存；巡检过程中应能主动推送巡检标准及注意事项等信息，巡检人员可以基于推送情况填报数据，确认巡检项。为确保巡检人员安全，除了实现巡检人员定位外，还要实现中控室与巡检人员双向语音呼叫、群发呼叫及警报。巡检过程中能够对主要设备和重要数据进行实时监控，随时随地查看现场生产运行数据、历史曲线、处理故障和报警信息。智能移动终端可支持技术专家与巡检及值守人员之间进行视频通话，由技术专家直接指导现场生产，充分发挥其总部的技术及经验优势。对于巡检范围较大的场景，应建立基于 GIS、北斗定位的巡检系统，能够实现对各种重要涉水设施（如液位计、流量计、压力计、井盖、消防栓、管线及其管道附属构筑物）、排口等的定位及查看。支持根据需要自定义巡检计划、任务和流程，合理划定巡检区域范围，并安排巡检人员进行巡检；支持巡检信息发布、巡检结果反馈、上传和归档；支持巡检过程中人员及车辆设备的定位及轨迹查询；支持以数字、文字、图片、语音和视频等多种方式记录巡检信息，并且实时查看巡检信息及历史巡检记录，以及进行巡检 KPI 分析等。

3. 设备管理

应实现对水厂、泵站和管网等设备资产信息的数字化管理，主要包括设备档案、设备运营维护、备品备件及设备报废等内容。应按照资产类型、存放地点和具体信息对设备信息进行收集、整理和维护；同时对设备的采购、报废、转移、维修、借用和盘点进行全流程数字化管理，形成从申请单上报、申请单审批到执行结果的动态管理，并在线生成资产统计报表、资产分类汇总报表、资产明细账表和资产折旧情况表。应实现设备维修、维保工作全过程标准化流程管理，健全及时反馈制度，确保工作任务状态可跟踪，并且与库存备件的出库信息相关联，规范库存备件的使用情况。

应能够基于BIM查看设备的全生命周期信息，包括档案、维修维保情况、备品备件情况和寿命分析情况等。资产的更新要求及时在BIM上实现同步，鼓励员工提高BIM资产使用率，为巡检养护等提供数据和功能支撑。

4. 报警管理

报警管理主要通过对现场设备设施、工艺流程和现场视频监控等实时监测数据及日常管理数据分析，在发生异常情况时，及时、准确地将报警信息发送给相关部门人员，以便其在第一时间内做出响应。报警信息以可视化的方式向相关运行人员进行信息数据展现，便于管理人员和运维人员准确掌握现场实时情况，对异常工况进行快速定位，有利于快速诊断排除故障，最大程度减少突发情况带来的损失，保证正常生产活动的进行。报警管理应支持分类分级，根据事件严重性以不同形式进行分类报警，报警管理主要分类有水质水量监控预警、设备故障预警、巡检预警、化验预警、安全预警和库存预警等。报警管理应能够支持用户自定义监控指标，自定义阈值及报警规则，提供多种消息通知方式，并确保用户及时收到报警消息。系统应能单独设置报警订阅信息，在被订阅的报警发生时推送给订阅人员。同时可以完整保存所有的报警记录、报警解除记录，还应支持用户在自身权限范围对报警历史记录进行查阅。

5. 安防管理

应根据需要建立针对水厂、泵站和管网等重要生产单元的安防数字化管理系统。应能够根据需要集成视频、自控、门禁和电子围栏各系统，实现实时联动，通过AI智能布控、进出管理及消防预警等对人、车、物进行生物、图像识别和结构化分析，通过监视系统和智能设备对突发状况进行防护，实现精准的事前预警并辅助应急调度。

6. 化验管理

化验管理主要内容包括检测流程管理、资源管理、质量管理、化验数据管理、仪器设备集成、统计分析、报表定制、信息共享与发布等。通过化验管理提升水务保障水平和预警效率，提高水质监测和预警的能力，实现水质的综合评价、水质风险识别及水质污染预警。

化验管理应将标准化的工作流程与信息化技术融为一体，实现全方位高效的化验信息管理。管理要素应包括：数据、人员、仪器、试剂、文件、标准、客户、服务和质量等。应对样品检测过程进行严格管理，实时了解实验室分析检测任务完成状况，跟踪记录工作痕迹，确保每个工作步骤按照标准流程进行以及保证检验结果的可溯源性；应与在线水质监测体系有机融合，进行全过程水质的在线跟踪及水质分析和预警。最大程度降低人为因素对检测结果的影响，确保检验结果可追溯。

7. 能耗管理

应根据需要建设针对水厂和泵站等生产单元的能耗数字化管理系统，完善生产单元能耗数据的采集。可对重要的核心设备增加电量计量硬件，采集耗电数据，实时掌握各设备和各单元的能耗情况，分析各类设备的能耗占比。同时基于数字化工具统计各工艺段能耗指标 KPI，分析每月实际能耗指标与目标指标的差异性。应基于《城镇水务系统碳核算与减排路径技术指南》及相关标准规范，结合各生产运行环节的能耗统计对生产运行进行碳排放核算、分析碳减排方向。

8. 物料管理

物料管理主要针对对象为各生产单元的药剂、消耗品和备品备件等。通过统一的物料管理，规范仓库及物料的管理流程，对物料进行全生命周期的管理，保证仓库日常管理工作高效有序进行。物料管理包括物料的入库管理、出库管理、调拨管理、盘点管理和物料信息管理、仓库信息管理等。应支持物料库存清单的录入、修改、审核和统计，支持出入库审批及实时库存监控等；应能够实现对物料的评价分析，如库品消耗是否正常以及物料使用同比和环比数据分析等。同时，物料管理应提供报警能力，可根据要求设置报警阈值，当物料库存低于安全库存时触发报警，并做出采购预判，及时提醒补充物料库存量。

9. 成本管理

成本管理主要针对水厂和泵站等生产单元运行活动所产生的日常耗费进行统计分析，主要内容包括维修成本、人工成本、材料成本、用电成本和药耗成本等。成本管理应能够按照日、月、年不同跨度对不同类别费用进行分类统计或总计，应能够通过多种图表形式对统计结果进行展示。成本管理应具备评价分析能力，通过实际运行成本与目标成本的对比为管理者提供决策支撑，以辅助优化管理手段，指导企业降本增效。

10. 日常调度管理

应建设日常调度的数字化管理工具，进行信息收集、汇总、数据互通，为各部门提供调度管理和决策的辅助支撑。应完善 SCADA 系统，结合 CIM-water、水力模型等建设调度系统，实现调度一张图管理，同时梳理和固化调度流程，完善调度日志的信息化管理。在调度监管上，要实现生产过程各重要环节全方位的实时监控，可接入政府交通视频、三防、气象等实时及预测的数据。在调度分析上，应具备整合各环节数据并进行关键事项的预测分析能力，可利用模型技术实现智能化分析，并进行系统和人员的调度。在调度流程上，可结合 B/S 和 APP 等应用，实现调度工单派发和调度日志记录，确保调度工作有据可依、有据可查。此外，应在日常调度的基础上充分发挥应急指挥能力，一旦出现生产紧急情况，可快速、科学地进行资源调配，组织应急指挥，提高应急工作的效率和质量。

11. 服务营收

服务营收应具备提供全面、便捷的用户服务能力，既可实现主动服务，也可以提供交互式服务。主要内容包括呼叫中心、短信发送及交互、智能客服、智能外呼机器人、智能语音导航及智能录音质检等。通过借助智能语音等处理日益增长的信息咨询、电话投诉及服务需求，可有效提升用户满意度，减轻人工服务压力，降低运营成本；应能够通过线上客服营收（网站、小程序等）进行包括用水管理、用水服务、线上缴费、电子发票、用水公告和公共信息等内容；此外，客服管理还应具备分析评价功能，通过多维度的评价考核分析，督促客服工作的积极改进及不断完善，提升客户满意度和客户服务管理水平，实现从被动服务到主动服务的转变。

3.4 大数据与云技术

智慧水务的基础是数据。算据、算力和算法是体现数据应用水平的三个指标。算据本身决定了水务数字化的深度，大数据技术可以实现海量水务数据的存储和处理，为数据价值挖掘提供支撑；算力决定着数据价值挖掘的广度和速度；算法直接决定了数据价值和可挖掘的高度。其中，算据需要利用大数据技术，开展数据治理，实现数据价值；随着虚拟化、分布式资源管理与并行编程技术的逐渐成熟，云技术也为算力和算法的发展提供支持。

3.4.1 数据管理技术要求

1. 数据整合要求

数据整合包括数据来源、数据采集、数据质量和数据接入四部分内容。

（1）数据来源

水务数据类型包括但不限于基础数据、实时生产监测数据、业务管理数据和其他数据四大类：

1）水务基础数据应包括城市水务基础设施的几何数据及属性数据，如基础地理信息、河湖水系、闸门、泵站、净水厂、污水处理厂、供水管网和排水管网等设施信息。

2）实时监测数据应包括气象、流量、水位、水质、压力、设备运行状态、视频和环境等类别的监测数据。

3）业务管理数据应包括城市供水、排水、水处理、防汛排涝、水资源、水环境、水监管和水务工程管理等各类业务运行管理生成的数据。

4）其他数据应包括城市发展、经济、人口分布和互联网等相关数据。

（2）数据采集

常用数据采集技术有数据库采集系统、无线射频识别技术、二维码技术、网络数据采集系统等。

1）数据采集应具备安全可靠的加密回传能力，建议支持国家密码管理局认证的国密算法。

2）数据采集应支持 IPv4/IPv6 双栈技术，并在条件运行下优先考虑 IPv6 单栈技术的应用。

3）数据采集应当支持物联网技术的部署，包括物模型、MQTT 等技术，以实现设备互联互通以及数据实时采集和共享。

4）数据采集应当支持智能业务按需在线部署，具备多算法并行能力和持续自适应学习能力，以满足不同业务场景的需求；应支持与水务边缘侧网络或中心侧网络协同，实现资源的共享和优化。

5）智慧水务数据中心应该支持不同来源和不同类型的数据，实现通用化，并支持多种数据采集方式，以满足各种数据采集需求。

6）应根据不同格式数据采集的特点，设计相应的数据采集通道，例如使用专门的传感器或设备来采集环境数据，使用API或其他数据接口来获取第三方数据。

7）为了方便数据的传输和处理，同一类的数据采集应采用相对统一的数据传输标准，例如MQTT等协议。这样可以保证数据的可靠性和一致性，提高数据处理的效率。

（3）数据质量

1）数据质量是智慧水务的关键，数据质量涉及准确率、完整性、一致性、时效性、可信性和可解释性等诸多因素，因而需要采用有效的数据预处理技术对生产数据进行处理。主要的数据处理技术包括数据清理、数据变换和数据规约。数据质量应能反映真实情况，由数据的生产者承担，并满足应用要求。

2）数据中心应建立完善的数据质量管控机制，确保数据的质量能够得到有效的管理和控制，同时对数据进行持续跟踪监测，及时发现和解决数据质量问题。

3）数据质量应符合《信息技术　数据质量评价指标》GB/T 36344—2018的要求，同时数据中心应该持续关注数据质量评价指标的更新和发展，不断优化和提升数据质量。

4）数据应进行分类、清洗、匹配和融合后，形成基础数据库、监测数据库和业务数据库等专题数据库；对于不完整的数据，需要在数据采集过程中过滤出来，按缺失的内容分别形成文档，提交给业务部门，由业务部门补充完善；对于不能完善的数据，经业务部门确认后采用水务数据清洗组件进行再“清洗”，来处理常见数据问题，包括水位异常数据、雨量异常数据和水务数据突变等常见异常，以及水务基础对象编码规则和水务数据字典转换等。

（4）数据接入

1）接入模式

应采用标准化模块方式建立可适配多源异构数据接入模式；应支持以元数据为基础的接入规则管理，同时支持以插件方式扩展接入能力；应实现对接入任务的调度、控制和监控，以及输出接入日志用于对账和接入效果评估。

2）适配管理

应支持对各种数据存储方式的接入适配，包括网络和分布式文件系统、关系型数据库、非关系型数据库、文件共享服务器、Web Service 接口、消息总线和安全边界接入等多种数据采集方式；应支持接入通过 RFID、音视频监控器、物联网传感器和二维码采集器等感知技术采集的各类动态信息。在数据格式方面，支持接入各种结构化数据以及常见格式半结构化和非结构化数据；在接入模式方面，应支持实时、离线以及全量、增量等多种接入模式。

3）任务管理

支持通过编排和调度多种数据接入任务，并提供对接入运行状态的实时监控和管理。

4）多通道管理

建立跨网络、跨安全域、跨平台的数据安全接入通道，为数据抽取和汇聚提供安全的接口通道。应指定数据读取位置和方式，支持被动接收和主动拉取两种数据获取方式，并确保数据在传输过程中的机密性、完整性和可用性。

2. 数据存储要求

（1）数据存储

1）应支持数据资产的全面管理，包括数据表的数量、数据量的大小和核心数据的关联情况等方面的信息。

2）应支持数据备份和恢复的操作，并提供灵活的备份策略，如完全备份和增量备份等，以提高数据的安全性。

3）应支持多种灵活的数据检索方式，如基于关键字的检索以及自定义 SQL 语句的查询等，以满足不同用户的需求。

4）应支持多种数据源类型的存储和管理，如数据表、视图和函数等。

5）应支持元数据的查看和管理，包括数据表结构的预览和元数据详情的查看等功能。

6）应支持元数据变更预警，如通过邮件、短信和通知等方式及时通知相关人员，以便及时进行处理和维护。

（2）数据处理

数据进行分类、清洗、匹配和融合后，形成基础数据库、监测数据库以及业务数据库等专题数据库。

对于不完整的数据，需要在数据采集过程中过滤出来，按缺失的内容分别形成文档，提交给业务部门，由业务部门补充完善；对于不能完善的数据，经业务部门确认后再“清洗”。

（3）数据备份

对于数据备份，可以采用自动备份和人工备份两种方式，同时利用数据库软件的备份功能进行数据库差异备份和异地备份，以保证数据安全性和可恢复性。自动备份可以按照设定的时间间隔定期进行，避免人工疏忽或忘记备份的情况发生。人工备份则可以在重要数据操作或特殊情况下手动进行备份，以应对突发情况。备份时要注意选择备份数据的存储位置和格式，以便在需要恢复数据时能够方便快速地进行。此外，备份策略也需要根据数据的重要性和敏感性进行规划和调整，确保备份的数据覆盖率和可用性。

（4）数据更新

建立明确的水务数据范围、类别、管理权限、更新机制以及数据使用条例，同时建立自上而下和自下而上相结合的数据更新工作机制，这样可确保水务数据的准确性和完整性，并且可以使得各级部门之间的数据协同更加顺畅和高效。此外，对于数据的更新和管理，需要建立严格的权限控制和审批机制，确保数据的安全性和合规性；应定期对水务数据进行维护和更新，以保证数据的时效性和有效性。

3. 数据治理

（1）数据分析

1）应支持多源数据融合，包括结构化、半结构化和非结构化数据，同时提供聚类分析、关联分析和演变分析等数据挖掘算法库，以满足数据挖掘分析的需要。

2）数据挖掘算法库应具有高度的可扩展性和灵活性，方便算法升级和算法之间的耦合，同时支持用户自定义算法集成。

3）数据挖掘分析结果应提供多种形式的输出，包括数据、报表和图形等，方便用户展示和共享，并支持自定义输出格式。

（2）数据安全

对数据生产、汇聚、存储、分发和应用等环节进行安全监督和审计，以确保数据的安全性和保密性。监督和审计应该包括防止数据被破坏、非法访问、复制和使用以及数据泄漏等方面。如果发现安全问题，应立即采取措施进行整改和修复，以保障数据安全。

（3）数据应用

1）数据中心应能够满足业务应用对数据的需求，包括业务管理和数据共享等方面的应用。

2）服务接口的设计应符合主流的设计原则和约束条件，采用主流的架构设计风格进行定义。

3）支持水务信息资源的共享和业务协同，通过数据中心进行协同处理和数据交换。

4）应建立审核发布机制，审核通过的数据资源目录可向外提供服务。

5）目录服务应提供标准化接口，以方便查询目录信息。

4. 数据流通

数据作为新型生产要素，是数字化、网络化和智能化的基础。目前已经融入到水务生产、运营和服务等各个环节中，并且在水务行业中的价值愈发凸显。2022 年 12 月，《中共中央　国务院关于构建数据基础制度更好发挥数据要素作用的意见》中明确指出，要以维护国家数据安全、保护个人信息和商业秘密为前提，以促进数据合规高效流通使用、赋能实体经济为主线，并以数据产权、流通交易、收益分配和安全治理为重点。2023 年 2 月，中共中央、国务院印发《数字中国建设整体布局规划》提出要畅通数据资源大循环，释放商业数据价值潜能，加快建立数据产权制度，开展数据资产计价研究，建立数据要素按价值贡献参与分配机制。

在智慧水务数字化建设中，应积极探索数据流通，同时摸索数据产权、数据质量评估、数据价值评估、数据敏感度评价以及数据流通的方法。针对不同数据的来源、价值和敏感度，可以将其划分为保密数据、共享数据、公开数据和可交易数据等多个类别。这样能够更好地实现数据的分类、保护和流通，同时也有利于数据的价值评估和管理。

（1）保密数据

保密数据指核心业务产生的数据或敏感性较高的数据，如经营数据、绩效考核数据和内部审批数据等。

（2）共享数据

共享数据指根据主管部门要求或智慧城市需要，行业间和行业内互通共享的数据，如水务工程基础数据（时空定位、基本情况等）、水情信息（河道水位、雨情信息、厂站流量水质和管网流量压力等）以及工情信息（排涝泵站工情、防涝减灾险情和积水点/易涝点视频图像等）。共享数据不等于公开数据，共享数据仍存在一定敏感性，仅限于相关政策法规要求下的有限范围内的共享，共享过程应保证数据安全。

（3）公开数据

公开数据指根据相关政策法规需要对公众进行公布或有义务进行公开的数据，如河湖档案、水务设施基础信息、防涝抗旱信息、雨情信息、停水公告和水质水费公告等。公开数据敏感性较低，且通常具备较强的时效性。

（4）交易数据

交易数据指结合水务业务，在生产运营中可带来经济效益的或价值较高的业务数据。该类数据通过加工挖掘后，可实现生产运营的节能降耗。如净水厂、污水处理厂核心工艺流程的运行参数和历史数据；采用的人工智能算法及其参数设置；运行逻辑和策略；设备设施使用情况；图谱画像等。数据交易需要相关制度和机制的健全，现阶段可结合生产运营积极挖掘数据价值，注重数据的处理和存储，实现数据资产化。

3.4.2 云技术要求

1. 一般要求

云技术是指在广域网或局域网内将硬件、软件、网络等系列资源统一起来，实现数据的计算、存储、处理和共享的一种托管技术。一般宜满足以下要求：

1）能够提供企业级安全、可扩展性和服务质量（Quality of Service，QoS）；

2）能够提供良好的开发环境，很容易地过渡到开发安全、“多租户”的应用程序，这些应用程序可以横向拓展到潜在的数百万用户；

3）在不影响用户体验的前提下，能够提供无缝传送和更新云服务；

4）能够提供各种计算资源虚拟化服务，以适应不同需求。

2. 技术要求

（1）云基础设施技术要求

云基础设施建设应考虑到对智慧水务平台数据层及应用层的支持能力，包括计算资源和存储资源等方面；应能提供计算、存储和相应的安全服务。计算服务可以包括虚拟主机服务、容器服务、裸金属服务、镜像服务和弹性伸缩服务等；存储服务可以包括块存储服务、对象存储服务和弹性文件服务等；安全服务应该包括数据库设计服务、安全态势感知服务、密钥管理服务、数据加密服务、云防火墙服务、网页防篡改服务、云堡垒机和主机安全服务等。

中心侧云基础设施的建设应当支持多种处理器架构的统一管理，以便满足不同场景下的计算需求；应支持大规模并发处理数据库等大数据计算和存储组件，以及微服务框架和容器等组件的部署。这样既能够满足智慧水务平台在处理大数据时的需求，也能提供更加灵活和高效的应用部署和管理方式。

边缘侧云基础设施应支持多种功能，包括物联感知数据的汇聚处理、分布式视频的存储管理、边缘智能分析以及工控系统运行，其计算能力和存储能力应该具有按需扩充的能力；应支持电源管理、资源管理、应用管理、消息管理和运维监控等多种功能；为了满足多样化的处理需求，应支持多种处理器架构，包括国际和国内主流的NPU处理器；应支持中心基础设施对边缘基础设施的统一管理，支持中心基础设施的算法模型在边缘基础设施上的部署和升级；应具有精细化管理、控制和分析能力，智能路径计算、流量调优和智能定界等智能化运维能力。

（2）云部署技术要求

根据平台系统特点、数据隔离要求以及成本预算等，可采用不同的云服务形态，例如私有云、公有云、混合云和专属云等。对于数据隔离不敏感、面向互联网的创新类业务以及业务需求资源呈现明显波峰波谷的场景，可考虑采用公有云服务形态；对于数据本地化有严格的要求且没有高级云服务需求的场景，可以考虑使用私有云服务形态；对于多个业务系统可以进行拆分，且这些系统无强关联性，可分为内网区和外网区的场景，可考虑使用混合云服务形态；对于对数据隔离性有要求且无特别定制化需求，不要求资产归属的场景，则可考虑使用专属云服务形态。

基础设施环境必须满足微电子设备和工作人员对温度、湿度、洁净度、电磁场强度、噪声干扰、防漏、电源质量、防雷接地、节能等各方面的要求。为了满足这些要求，建设基础设施环境时应参照《数据中心设计规范》GB 50174—2017 的相关要求，重点关注机房供配电、UPS、环境监控和安防监控等方面，以提供稳定可靠的基础设施环境。

（3）云计算技术要求

应基于主流技术体系构建成熟完善的云原生整体架构，通过内置统一的云原生操作系统，屏蔽异构 IaaS 差异，实现云网边端算力协同供给；应构建云原生开放服务体系，提供容器、微服务、DevOps 和云中间件等服务，同时也为第三方服务提供便捷的服务封装和交付接口；应形成应用开发交付、运行和治理提供多视角全生命周期管理。

云计算的关键技术有虚拟化技术、分布式海量数据存储与管理以及并行编程技术。

虚拟化技术：云计算的核心技术之一，可将一台计算机虚拟为多台逻辑计算机，也可将多台计算机整合成一个虚拟资源；能实现全网资源统一调度，高效实现存储、传输和运算等多个计算功能，降低成本，提供强大的计算能力。

分布式海量数据存储与管理：云计算系统采用分布式存储的方式存储数据，用冗余存储的方式（集群计算、数据冗余和分布式存储）保证数据的可靠性；采用可扩展的系统结构，利用多台存储服务器分担存储负荷，不但提高了系统的可靠性、可用性和存取效率，还易于扩展；数据管理技术主要是Google的Big Table数据管理技术和Hadoop团队开发的开源数据管理模块HBase。

并行编程技术：云计算提供了分布式的计算模式，要求有分布式的编程模式。通过统一接口，用户大尺度的计算任务被自动并发和分布执行，并行地处理海量数据，更适用于水务大数据的分析与处理。

为满足业务需求，需应用算法对数据进行深度挖掘，云基础设施应支持GPU芯片、国产AI芯片、支持开源深度学习框架和国产AI计算框架部署；宜采用可组合计算设备架构；应支持视频、图片和遥感影像等智能分析算法；宜支持深度学习和推理，以及城市水务模型的学习和推理。

4 智能化控制

随着城镇水务行业的高质量发展，传统的自动控制方式已难以完全适应新的发展要求。为了实现生产运行智能化、提高数据应用效果，达成节能降耗和环保减碳的目标，对于水务生产控制方面的重要工艺生产环节，如加药控制、消毒控制和曝气控制等，采用智能化控制方式是十分必要的。

智能控制是一种具有学习功能、适应功能和组织功能，能够有效克服被控制对象和环境难以精确建模的复杂性和不确定性，并且能够达到预期控制目标的控制方式。智能控制旨在针对具体应用场景建立一个通用的端到端模型，能够实现任意输入到输出的映射，使控制目标达到预期。智能控制是一类无需人的干预就能够自主驱动智能机器实现其目标的自动控制，也是用计算机模拟人类智能的一个重要领域。

城镇智慧水务系统的智能控制，主要是通过大数据、云计算、人工智能等新兴信息技术，获得最佳运行参数，并向自动控制系统发出指令，在无人干预的情况下使水务生产过程达到更优化、更精准、更可靠、更高效的运行目标。

4.1 智能控制及算法

智能控制的核心是智能算法，关键是大数据，目标是控制。智能控制就是通过人工智能算法、大数据和自动控制，使单一工艺环节更稳定、更高效、更节能。

（1）自动控制是实现智能控制的前提，智能控制通过采用具有学习功能、适应功能和组织功能的人工智能控制算法解决控制实践中存在多干扰、大时滞、大惯性、强时变、强相关等问题。

（2）对于城镇智慧水务的智能控制应用来说，数据的积累非常关键。在建设初期可以选择基于机理模型的方法。随着系统持续运行，运营积累大量数据后，需要根据系统运行情况和数据分析结果对智能控制进行升级迭代。

(3) 数据库是智能控制的数据支撑，数据库中需要对智能控制所需的数据信息进行标准化处理和结构化处理，建立相关逻辑；数据库应具有良好的可扩展性，能够方便地进行算法升级和算法之间的耦合。

(4) 智能控制场景的选取需要结合控制环节的特性、现有条件和实际情况合理选择；当条件不满足或者必要性不强时，不宜盲目追求智能控制，造成浪费。

(5) 智能控制算法的选取需要结合控制对象的工艺原理、特性和控制目标等因素，根据其侧重点选取数据效益边界高的算法。常用的智能控制算法包括神经网络算法、强化学习算法等。

(6) 宜构建水务行业智能控制通用算法库，算法库的内容应包括普通机器学习算法、深度机器学习算法及其运行框架；同时还应包含智能识别、知识图谱等，智能识别指音频、图像和视频计算机智能认知分析的算法，用于辅助分析；知识图谱建立起水务数据与工艺环节的知识架构和理论逻辑，使算法的迭代更加科学，是自学习的体现。

(7) 数据库与算法库在确保信息安全的前提下，基于相关标准法规提倡开放、共享、交换、交易，数据和算法在共享交换下更能挖掘数据价值、发挥算法效益。

智能控制及算法都并非水务行业特有，因此需要与水务技术相结合，将实际的生产环节抽象概化为不同类型的问题，并选择相应类型的算法，水务常用智能控制算法见表 4-1。

水务智能控制常用算法一览表 **表 4-1**

序号	算法名称	算法描述	优缺点	衍生算法	适用范围
1	回归算法(Regression)	回归算法是一种比较常用的机器学习算法，用来建立“解释”变量(自变量 X)和观测值(因变量 Y)之间的关系	优点：直接、快速。 缺点：要求严格的假设；需要处理异常值	普通最小二乘回归；线性回归；逻辑回归；逐步回归；多元自适应回归样条；本地散点平滑估计	适用于分类的场景
2	神经网络(Artificial Neural Network)/深度学习(Deep Learning)	人工神经网络是受生物神经网络启发而构建的算法模型；是一种模式匹配，常被用于回归和分类问题，但拥有庞大的子域，由数百种算法和各类问题的变体组成	优点：在语音、语义、视觉、各类游戏(如围棋)的任务中表现极好。算法可以快速调整，适应新的问题。 缺点：需要大量数据进行训练；训练要求很高的硬件配置；模型处于「黑箱状态」，难以理解内部机制；元参数(Metaparameter)与网络拓扑选择困难	多层感知机；BP 神经网络；径向基神经网络(RBF)；长短期记忆神经网络(LSTM)；门循环单元神经网络(GRU)；卷积神经网络(CNN)；图神经网络(GNN)；霍普菲尔神经网络(HN)；深玻尔兹曼机(DBM)；深度信念神经网络(DBN)……	适用于没有精确数学模型且积累大量历史数据的场景

续表

序号	算法名称	算法描述	优缺点	衍生算法	适用范围
3	决策树算法 (Decision Tree Algorithm)	决策树是一种树形结构，其中每个内部节点表示一个属性上的判断，每个分支代表一个判断结果的输出，最后每个叶节点代表一种分类结果。决策树是一个预测模型，代表的是对象属性与对象值之间的一种映射关系	优点：容易解释；非参数型。 缺点：趋向过拟合可能陷于局部最小值中；没有在线学习	分类和回归树；ID3；C4.5 和 C5.0	适用于涉及多干扰影响输出的控制场景
4	强化学习 (Reinforcement Learning)	强化学习（Reinforcement Learning，RL），又称再励学习、评价学习或增强学习，是机器学习的范式和方法论之一，用于描述和解决智能体（agent）在与环境的交互过程中通过学习策略以达成回报最大化或实现特定目标的问题	优点：一般不需要大量带标签的数据集；可以实现无模型的、端对端的、状态到动作的高维映射关系的自学习。 缺点：奖励函数设计困难；学习比较慢；无法处理时间跨度很长的必然事件	正向强化学习；逆向强化学习	实现回报最大化，适用于涉及序列控制场景
5	优化类算法 (Optimization Algorithm)	优化类算法是计算机通过某些算法来模拟生物及自然中蕴含的进化、优化机制。具有全局性、自适应、离散化等特点	优点：对模型的数学形式没有限制；具有通用性；采用启发式随机搜索能够获得全局最优解或者准最优解；适用不同初始条件下进行寻优，具有适应性。 缺点：理论不足够完善；往往得到的并非全局最优解；优化效率较低	遗传算法；粒子群算法；模拟退火算法；差分进化算法	适用于多目标控制类的场景
6	集成算法 (Ensemble Algorithms)	集成方法是由多个较弱的模型集成模型组，其中的模型可以单独进行训练，并且它们的预测能以某种方式结合起来去做出一个总体预测。该算法主要的问题是要找出哪些较弱的模型可以结合起来，以及结合的方法	优点：当前最先进的预测几乎都使用了算法集成。它比使用单个模型预测出来的结果要精确得多。 缺点：需要大量的维护工作	Boosting；Bagging；AdaBoost；层叠泛化；梯度推进机；梯度提升回归树；随机森林	随机森林适用于不清楚哪些变量有更高的权重的控制环节

续表

序号	算法名称	算法描述	优缺点	衍生算法	适用范围
7	关联规则学习算法（Association Rule Learning Algorithms）	关联规则学习方法能够提取出对数据中的变量之间的关系的最佳解释	优点：任何属性之间都可以存在关联，算法可以找到更多规则，且每个规则具有不同结论。 缺点：试图在可能非常大的搜索空间中查找规则，因而运行时间可能会长很多，一般通过规范来进行限制约束	Apriori 算法（Apriori algorithm）；Eclat 算法（Eclat algorithm）；FP-growth	适用于连续生产规划类场景
8	图模型（Graphical Models）	图模型或概率图模型（PGM/probabilistic graphical model）是一种概率模型，一个图（graph）可以通过其表示随机变量之间的条件依赖结构（conditional dependence structure）	优点：模型清晰，能被直观地理解。 缺点：确定其依赖的拓扑很困难，有时候也很模糊	贝叶斯网络（Bayesian network）；马尔可夫随机域（Markov random field）；链图（Chain Graphs）；祖先图（Ancestral graph）	适用于聚类分析等场景
9	聚类算法（Clustering Algorithms）	聚类算法是指对一组目标进行分类，属于同一组（亦即一个类，cluster）的目标被划分在一组中，与其他组目标相比，同一组目标更加彼此相似（在某种意义上）	优点：让数据变得有意义。 缺点：结果难以解读，针对不寻常的数据组，结果可能无用	K—均值（K-Means）；K-Medians 算法；最大期望算法（EM）；分层集群（Hierarchical Clstering）	适用于分类的场景

4.2 主要控制环节

智能控制的选择需要结合控制对象工艺环节的原理、特性、目标进行选取。原理简单、逻辑性强、目标清晰的控制环节可以采用自动控制，如格栅根据液位差进行控制、截流井堰门根据液位控制等。原理比较复杂、控制目标相对模糊，或者控制对象系统比较复杂的控制环节可以考虑在自动控制的基础上采用智能控制，如絮凝沉淀池的智能加药控制、生化池的智能曝气控制等。水务生产中常见的主要工艺控制环节及其控制对象见表 4-2～表 4-4。

净水厂主要工艺控制环节一览表　　表 4-2

工艺环节	控制描述	控制对象	可采用智能控制
原水取水	在供水量分析的基础上，充分考虑清水池调蓄能力及各设施设备生产能力，根据净水厂所需总进水量、当前机泵运行状态、水库控制要求，实现取水泵站水泵最优控制方案	取水泵开停及转速 取水闸开度 水库水位	水平衡智能控制 泵组优化智能控制
配水	对净水厂当前各产线的能力、负荷率及可调能力进行评估。根据出水流量及清水池液位，结合产线的负荷率，使各产线的水量、负荷率均衡，且能保证清水池的液位在理想区间内	产线流量控制阀	产线水量智能分配
絮凝沉淀	在保证沉淀池末端浊度稳定正常的前提下控制药剂投加量，减少药剂投加。 控制排泥阀、桁车运行以及吸刮泥机提高絮凝池和沉淀池排泥效率，维持絮凝沉淀池正常运行	加药装置 排泥阀 桁车式吸刮泥机	智能加药絮凝 智能排泥
过滤/膜分离	在保证出水水质的前提下，分析滤格/膜组件的运行情况，优化滤格/膜组件的运行控制，使滤格/膜组件的滤速/膜通量、冲洗周期和冲洗强度更科学	阀门 水泵 风机	智能反冲洗
消毒	保证出水余氯的前提下，通过科学投氯减少补氯，减少消毒副产物，提高出水的安全和品质	消毒剂投加量 配药装置、投加装置（泵、阀门）	智能消毒
加压输配	以泵组运行效率最高为目标，优选泵组搭配和水泵频率，确保水泵在满足工况的情况下高效运行。 根据管网的调度指令，并结合吸水井或清水池液位、净水厂进水流量，自动调节泵组搭配和水泵频率，使泵组在满足工况的情况下高效运行	送水泵 泵后阀门 真空系统	泵组优化调度模型

污水处理厂主要工艺控制环节一览表　　表 4-3

工艺环节	控制描述	控制对象	可采用智能控制
污水提升	污水高效提升转输；自动调节泵组搭配和水泵频率，使泵组在满足工况的情况下高效运行；接受执行调度指令，泵阀自动平稳过渡，避免水锤	提升泵 阀门	泵组优化调度模型
一级处理	通过格栅、初沉池、水解酸化池、沉砂等物理工艺对污水污染物进行去除。通过控制优化，使格栅的运行冲洗更科学，吸刮泥机的运行更合理，工艺长期稳定运行	闸门 格栅 冲洗水泵 吸刮泥机等	智能排泥
生化处理	根据进出水水质、生化系统运行情况。风机运行工况调节曝气量、混合液回流，使生化系统维持健康正常，污染物去除率达标，出水水质达标	曝气量 风机 泵 阀门	智能曝气 智能内回流

续表

工艺环节	控制描述	控制对象	可采用智能控制
二沉池及污泥泵房	根据生化系统污泥情况、系统硝化反硝化情况自动调节污泥回流。 根据生化系统污泥情况、污泥泵房污泥浓度计含固率，控制剩余污泥排放，使生化系统维持健康正常	污泥回流量 剩余污泥量 污泥泵 阀门	智能污泥回流及排放
深度处理	在出水水质稳定达标的前提下，控制深度处理化学除磷药剂投加量；控制深度处理反硝化碳源投加量，节省药耗	除磷剂投加量 碳源投加量 配药装置 投加装置（泵、阀门）	智能加药除磷 智能碳源投加
污泥处理	在泥饼含水率稳定达标的基础上减少投药量，科学合理搭配浓缩池、平衡池/调理池以及脱水机房的运行策略。脱水设备运行批次自动调节，与水处理流程相匹配	絮凝剂投加量 配药装置 投加装置（泵、阀门） 脱水设备设施	智能加药调理
污泥转运	在污水处理厂站正常运行的前提下，科学合理分配车辆转输污泥的周期和线路，避免因污泥转输不及时而影响生产	污泥转运车	智能污泥转运
补水泵房	根据水体水系的需要，提供满足水质、水量要求的再生水。同时考虑输水安全和节能。 泵房能自适应的调节泵组搭配和水泵频率节能运行，同时自动稳定过渡到调度指令要求工况	补水泵 调节阀	泵组优化调度模型

排水（雨水）防涝主要工艺控制环节一览表　　表 4-4

工艺环节	控制描述	控制对象	可采用智能控制
排涝泵站	综合考虑水位、水量、雨量和积水点情况进行水泵的启停控制，最大程度避免内涝	水泵 控制阀	排涝智能控制
调蓄池	综合考虑水位、水量、雨量和积水点情况进行调蓄控制，最大程度进行削峰错峰，缓解排水系统压力	水泵 控制阀	排涝智能控制
闸门井/堰	综合考虑水位、水量、雨量和积水点情况进行调蓄控制。通过闸门、堰门科学控制排水管网系统，使之与雨情和内涝相匹配	控制阀 控制闸 控制堰	排涝智能控制

4.3 智能控制技术要求

4.3.1 水平衡智能控制

（1）水平衡智能控制的应用范围宜为：取水泵房及净水厂清水池工艺段。

（2）水平衡智能控制的目标是：通过对净水厂进水水量、出水水量和系统损失水量，结合清水池容积大小，分析得出最大限度维持清水池高水位所需的进水流量，同时结合设备损耗、管道安全等考虑，尽可能保证进水流量过渡平缓、取水泵房运行稳定。

（3）水平衡智能控制的实施条件：

1）净水厂进水、出水管道配置相应的在线流量计。

2）清水池配置相应的在线液位计，对清水池运行参数进行连续精准的监测。

3）涉及厂区自用水量的相关计量（如生产废水外排量、回用水量及厂区药剂溶解、构筑物冲洗、生活用水量等的计量）应配置在线流量计。

（4）水平衡智能控制的控制要求

1）建立清水池水位预测模型，根据水位预测分析对取水泵站运行提出建议，并根据建议自动调节原水管道阀门和水泵转速，使取水泵站机组平稳过渡到目标工况。

2）应设定延迟保护机制，避免水泵和阀门频繁启停；同时在控制方案执行前应自动评估水锤风险，自动优化控制方案。

3）宜增加人工干预机制，当出现特殊情况，可启用人工干预机制，确保运行稳定。

（5）水平衡智能控制采用的算法可选择：多目标决策算法，通过水量跟踪为主，水位调节为辅的方法来控制达到取水制水系统进出水量的平衡。所谓水量跟踪，就是制水系统的进水水量、出水水量、自用水量的跟踪；所谓水位调节就是根据实际水位与目标水位的差值，结合清水池容积大小，换算成水量差值，驱动取水泵房机组自动调节。

（6）水平衡智能控制的实施效益包括：确保水厂工艺流程进水流量基本稳定的条件下，平缓地调节进水流量，最大限度维持清水池的高水位（且不发生溢流），减少送水泵运行扬程，达到节能的目的。一般可降低送水泵运行扬程 1.0～1.5m，以送水泵设计平均运行扬程 50m 计算，节约送水泵电耗 2%～3%，具体节能效益需要结合工程分析测算。

4.3.2 产线水量智能分配

（1）产线水量智能分配的应用范围宜为：大型水厂具有较多条生产线，各条生产线需要采用管道及阀门进行水量分配（包括平均分配及非平均分配）的场合。单一构筑物的多格水量分配（如滤池）也可参照应用。

（2）产线水量智能分配的控制目标是：基于净水厂能力与负荷评估结果及水平衡配水算法模型计算进水量，进而对净水厂各条生产线水量进行分配。

（3）产线水量智能分配的实施条件包括：

1）产线进水管道阀门可自动调节控制。

2）可实时获得能力与负荷模型、水平衡配水模型的计算结果。

（4）产线水量智能分配的控制要求为：

1）建立能力与负荷模型，获得每个产线的负荷率；建立水平衡配水模型，获得计算进水流量；建立产线水量分配模型，结合负荷率及进水流量，对各产线流量进行再分配。

2）应设定阀门延迟保护机制，避免阀门频繁启停。

3）宜增加人工干预机制，当出现特殊情况（如需要关闭产线），可启用人工干预机制，手动分配各产线的进水流量，确保产线生产稳定。

（5）产线水量智能分配采用的算法可选择：关联规则学习算法，以各产线水量在其生产负荷能力范围为约束条件，以各产线负荷均衡、处理构筑物（如絮凝沉淀池）调整次数为评价函数，通过对各方案的评价对比，优选最优水量分配方案。

（6）产线水量智能分配的实施效益包括：保证净水厂各产线的进水稳定，每条产线上的设备能满足分配处理水量下的水质控制要求，减少单组沉淀池频繁启停，保证净水厂工艺运行稳定。

4.3.3 智能加药絮凝

（1）智能加药絮凝的应用范围宜为：净水厂絮凝沉淀池混凝加药工艺段。

（2）智能加药絮凝的控制目标是：根据原水流量、浊度、温度、酸碱度及沉淀池出水浊度要求，基于模型算法，对混凝剂的投加量进行全自动精确控制，保证沉淀池出水水质稳定，降低药耗。

（3）智能加药絮凝的实施条件包括：

1）加药计量泵台数满足最大加药量需求和最小冗余备用率要求。

2）沉淀池应配置相应的在线监测仪表，对运行参数进行连续精准地监测，监测对象包括但不限于：进水流量、进水水质（浊度、温度、酸碱度等）、出水水质（浊度等）。

(4) 智能加药絮凝的控制要求

1) 应建立并使用混凝加药计算模型进行加药量控制。前期可通过经验或计算积累运行数据，条件成熟时采用人工智能算法。根据进水流量、进水水质等因素，在线实时计算沉淀池实际所需加药量；将实际所需加药量传输给加药控制系统，调整计量泵的频率或阀门开度，控制加药量的投加。

2) 加药量控制可采用沉淀池出水浊度作为控制目标，在出水浊度达到内控标准的情况下，节约药耗。

3) 应设定加药量临界值延迟保护机制，避免计量泵的频繁启停。

4) 宜增加人工干预机制，当自动控制出现故障或仪表数据出现异常时，可启用人工干预机制，进行人工手动加药模式，确保加药环节稳定运行。

5) 有条件的情况下可尝试利用矾花图像识别分析评价药剂投加，逐步替代水质仪表，将复杂的机理归结到图像识别分析，减少对水质仪表精准度的依赖。

(5) 智能加药絮凝采用的算法可选择：

1) 神经网络算法：根据进水水量、水质，预测混凝剂投加量。

2) 模糊控制算法：根据出水浊度反馈调节混凝剂投加量。

(6) 智能加药絮凝的实施效益包括：在保证沉淀池出水浊度满足内控标准的前提下，降低混凝剂的投加量，一般可节约药耗5%～20%，具体节省药耗需要结合工程分析测算。

4.3.4 智能排泥

(1) 智能排泥的应用范围宜为：净水厂絮凝沉淀池工艺段。

(2) 智能排泥的控制目标是：基于模型算法，通过自学习，调整絮凝区和沉淀区的排泥周期和排泥时长，维持絮凝沉淀系统健康正常运行，提高排泥效率，节能降耗。

(3) 智能排泥的实施条件

1) 絮凝区的排泥角阀、沉淀区行车刮吸泥机等设备控制稳定可靠。并对其运行状态有精准的监测。

2) 对絮凝沉淀池有连续精准的监测，监测对象包括但不限于：进出水浊度、沉淀区泥位、排泥渠及排泥管污泥浓度等。

3) 对絮凝沉淀池底泥状态、对沉淀池出水区跑泥现象进行连续观察。

（4）智能排泥的控制要求

1）根据历史排泥数据和进出水浊度分别调节絮凝区和沉淀区的排泥周期。

2）根据排泥渠及排泥管污泥浓度分别调节絮凝区和沉淀区的单次排泥时长。

3）基于进水浊度和投药量，结合大数据分析预测沉泥池泥量，协调桁车运行工况。

4）宜增加人工干预机制，当自动控制出现故障时，可启用人工干预机制，进行人工手动排泥模式，确保排泥稳定。

（5）智能排泥采用的算法可选择：强化学习算法，通过大数据分析学习，提高排泥效率，协调桁车运行和排泥周期。

（6）智能排泥的实施效益包括：维持絮凝沉淀池的健康运行，减少生产事故。通过智能排泥，可节约排泥水量10%～20%，间接降低泥处理能耗5%～10%。具体节能效益需要结合工程分析测算。

4.3.5 智能反冲洗

（1）智能反冲洗的应用范围宜为：采用气水反冲洗方式的各类滤池（或膜过滤池）。

（2）智能反冲洗的控制目标是：基于模型算法，通过调整反冲洗的周期和强度，维持气水反冲洗滤池（膜过滤池）健康正常运行，提高反冲洗效率，避免滤料膨胀流化（或膜堵塞）。

（3）智能反冲洗的实施条件

1）反冲洗水泵和鼓风机配置台数满足最大反冲洗需求和最小冗余备用率要求，并宜具备变频调节功能。

2）对水泵和鼓风机有精准的监控，水泵和鼓风机控制稳定可靠。

3）对单格滤池有连续精准的监测，监测对象包括不限于：进出水浊度、液位、出水调节阀开度等，以及对滤池（膜过滤池）反冲洗进行连续观察。

（4）智能反冲洗的控制要求

1）应建立并使用反冲洗模型进行加反冲洗控制，根据进水流量、滤速、进水浊度、水头损失、出水浊度、出水阀开度，在线实时动态调整过滤时间及反冲时间，单格滤池（单组膜组件）的滤速维持在内控范围内，分析计算理论反冲洗周期。

2）综合进水浊度、单格滤池的运行滤速和出水调节阀变化趋势以及单格滤池理论反冲洗时间，同时考虑运营习惯进行反冲洗排班，兼顾科学性和管理便利。

3）根据历史反冲洗的初滤水浊度和滤料膨胀情况（膜组件堵塞情况），引入季节性变化边界，结合大数据分析，合理调节反冲洗强度和反冲洗时长。

4）宜增加人工干预机制，当自动控制出现故障时，可启用人工干预机制，进行人工手动反冲洗，确保滤池（或膜过滤池）运行稳定。

（5）智能反冲洗采用的算法可选择：强化学习算法，以提高反冲洗效率为目标，通过大数据分析学习与自学习，合理调节反冲洗周期、反冲洗强度和反冲洗时长。

（6）智能反冲洗的实施效益包括：维持滤池（或膜过滤池）健康运行，减少生产事故。通过智能反冲洗，一般可节约能耗5%～10%，具体节能效益需要结合工程分析测算。

4.3.6 智能消毒

（1）智能消毒的应用范围宜为：净水厂及加压泵站的清水池（消毒接触池）等工艺段。

（2）智能消毒的控制目标是：根据流量、温度、酸碱度、有机物浓度、氨氮及出水水质要求，基于模型算法，对消毒剂投加量进行全自动精确控制，保证出水水质稳定，降低药耗，减少消毒副产物。

（3）智能消毒的实施条件

1）加药计量泵台数满足最大加药量需求和最小冗余备用率要求。

2）相关工艺段应配置相应的水质水量在线监测仪表，对运行参数进行连续精准地监测，监测对象包括但不限于：进水流量、进水水质（温度、酸碱度、有机物浓度、氨氮等）、出水水质（游离余氯等）。

（4）智能消毒的控制要求

1）应建立并使用加氯模型进行加药量控制。根据原水流量、温度、酸碱度、有机物浓度、氨氮等因素，在线实时计算所需加药量；将结果传输给加药控制系统，调整计量泵的频率或阀门开度，控制加药量的投加。

2）应设定加药量临界值延迟保护机制，避免计量泵的频繁启停。

3）宜增加人工干预机制，当自动控制出现故障或仪表数据出现异常时，可启用人工干预机制，进行人工手动加氯模式，确保消毒环节稳定运行。

（5）智能消毒采用的算法可选择：

1）神经网络算法：根据原水流量、温度、酸碱度、有机物浓度、氨氮等建立加氯模型，保证沉淀池出水口游离余氯达标；根据滤池后进水余氯、清水池进水流量、二级泵房出水流量、清水池水位、水中氨氮含量等，建立滤后加氯模型，保证出厂水中含有适宜的余氯浓度。

2）模糊控制算法：滤后加氯采用反馈控制模型，若出厂余氯测量值满足内控标准，则不进行药量的投加，若不满足要求，则根据余氯目标值和测量值差值，通过模糊控制算法进行加药量计算，并进行投加。

3）模型预测控制算法（MPC）：建立干扰量（DV）、操控量（MV）、被控量（CV）动态模型矩阵，以滤池后余氯、出厂水余氯为控制目标（CV）、动态调节计量泵频率等调节量（MV），以应对水质、水量、水温、药剂成分波动等扰动量（DV）的影响，达到优化控制指标、抑制出水水质余氯值波动的目的。

（6）智能消毒的实施效益包括：在保证滤池后余氯、出厂水余氯满足内控标准的前提下，降低消毒剂的投加量，可避免补氯，减少消毒副产物，保证出水水质安全的同时提高出水品质、一般可节约药耗3%～6%，具体节省药耗需要结合工程分析测算。

4.3.7 泵组优化智能控制

（1）泵组优化智能控制的应用范围宜为：送水（加压）泵房以及污水提升泵房。

（2）泵组优化智能控制的控制目标是：满足管网中对水量、水压（水位）要求的前提下，基于模型算法，对泵组进行优化控制，提高泵组运行效率，降低电耗。

（3）泵组优化智能控制的实施条件

1）水泵配置台数满足最大供水需求和最小冗余备用率要求。

2）对机组的运行参数进行连续精准的监测，监测对象包括但不限于：功率、转速、机组前后压力等。

3）对泵房的进行连续精准的监测，监测对象包括但不限于：前池液位、进出流量、出站压力、加压控制点压力等。

4）泵房应实现远控功能，同时具备单机设备控制、机组设备联动功能、各类故障、系统不满足等条件关联开/停机流程，确保机组具有较好的控制性能。

（4）泵组优化智能控制的控制要求

1）应建立并使用泵组优化控制模型的控制。根据进出水流量、功率、压力、计算扬程等，通过模型计算出最优泵组搭配及其运行频率，调整水泵的频率，控制出水流量和压力。

2）对于输水管线上的泵组优化控制，泵组及阀门在调节控制前应自动进行水锤分析，分析判断操作方案的可行性，优化泵组状态的过渡方案。

3）应设定水泵流量临界值延迟保护机制，避免水泵的频繁启停。

4）宜增加人工干预机制，当自动控制出现故障或仪表数据出现异常时，可启用人工干预机制，进行人工手动开停泵（若是变频泵，可输入变频泵频率设定），确保出水稳定。

（5）泵组优化智能控制采用的算法可选择：采用多目标优化遗传算法，通过对泵组特性曲线和管阻曲线的分析，以泵组最优效率为导向，建立泵组优化调度模型，以机理模型与数理模型相结合的方式，并采用相应的多目标优化算法对其进行求解，充分考虑场景约束（如二段电平衡、水泵频繁启停、故障泵停用、泵组防潮运行等），满足目标函数的泵组组合和变频泵频率。

（6）泵组优化智能控制的实施效益包括：泵组可根据上位指令自动智能控制泵组，并优化泵组效率，实现节能降耗。同时可以对泵组过渡方案进行自分析，提高系统运行的安全性。一般可节约电耗5%～15%，具体节能效益需要结合工程分析测算。

4.3.8 智能曝气

（1）智能曝气的应用范围宜为：采用活性污泥法工艺（如AAO、AO、MSBR等）的污水处理厂生化池鼓风曝气充氧工艺段。

（2）智能曝气的控制目标是：根据生化池进水水量、水质及出水水质要求，基于模型及人工智能算法，对曝气充氧过程进行全自动精确控制，实现按需供氧，保证好氧池DO、出水水质稳定，降低鼓风机运行电耗。

（3）智能曝气的实施条件

1）鼓风机配置台数满足最大曝气风量需求和最小冗余备用率要求，具备风量自动调节功能；部署MCP模块，鼓风机能更好匹配风量计算结果。

2）生化池供气管应根据曝气系统的布置形式设置相应的气体流量计和风量调节阀门。

3）生化池应配置相应的在线检测仪表，对生化池运行参数进行连续精准地监测，监测对象包括但不限于：进水流量、进水水质（酸碱度、水温、化学需氧量、氨氮、总氮等）、好氧区溶解氧和污泥浓度、单池曝气量、出水水质（酸碱度、水温、化学需氧量、氨氮、总氮等）。水质仪表安装位置要适当，能够准确测量反馈好氧区进水区域、回流区域、出水区域的溶解氧。

（4）智能曝气的控制要求

1）应采用数据驱动算法结合并使用曝气计算模型进行曝气量控制。根据进水流量、进水水质、剩余污泥排放及硝酸盐利用等因素，在线或者离线通过机器学习算法得到生化系统实际需氧量；根据实际需氧量和曝气效率计算实际所需供风量；将实际所需供风量传输给鼓风机控制系统，通过强化学习算法或先进控制技术实现风机群组动态优化分配、风机风量和曝气管道阀门开度一体化调节控制风机的供气量，实现按需供气。

2）曝气量控制可采用溶解氧、化学需氧量、氨氮等作为主控因子，实现溶解氧稳定、出水水质控制满足内控标准，从而达到节能降耗的目的。

3）生化池溶解氧应基于运行效果要求确定，总体上保证稳定，按需动态调整。不同区域设定值可不同。

4）应设定曝气临界值延迟保护机制，避免鼓风机频繁启停。

5）宜增加人工干预机制，当自动控制出现故障时，可启用人工干预机制，进行人工手动曝气模式，确保生化池系统稳定运行。

6）有条件的情况下可尝试利用曝气图像识别分析评价曝气是否科学，逐步替代水质仪表，将复杂机理归结到图像识别分析，减少对水质仪表精准度的依赖。

（5）智能曝气采用的算法可选择：

1）活性污泥法机理模型（ASM）：根据进水水量、水质、好氧池溶解氧预测出水化学需氧量、氨氮；

2）多层神经网络算法：预测好氧池溶解氧变化趋势，维持溶解氧逼近目标值情况下预测需氧量；

3）强化学习算法：以预测模型的结论为目标，通过分析历史经验数据和实际运行数据信息，合理预估好氧池溶解氧变化情况及最佳工艺区间，自动分配各组好氧池的曝气量，降低鼓风机能耗。

（6）智能曝气的实施效益包括：保证生化池正常稳定运行，好氧区溶解氧波动范围降低，一般可控制在±0.25mg/L；保证生化处理出水水质稳定达标；降低曝气电耗，一般可节约10%～15%的电耗，具体节能效益需要结合工程分析测算。

4.3.9 智能内回流

（1）智能内回流的应用范围宜为：适用于活性污泥法的AAO、氧化沟等需要污泥回流的生化池工艺段。

（2）智能内回流的控制目标是：基于模型算法控制生物池中好氧区硝化液回流量，使缺氧区的反硝化作用正常进行，出水水质稳定，降低内回流能耗。

（3）智能内回流的实施条件

1）内回流泵配置台数满足最大内回流量需求和最小冗余备用率要求，并宜具备变频调节功能。

2）对于新厂建设，内回流硝化液宜经过渠道或者管道回流到缺氧区，便于监测和计量。

3）对生化池运行情况有连续精准的监测，监测对象包括但不限于：进水量、进水氨氮、进水总氧、缺氧区硝态氮、好氧区硝化液回流处溶解氧、硝态氮等。

（4）智能内回流的控制要求

1）应结合人工智能算法建立并使用内回流模型进行内回流控制。根据生化池进水量、缺氧区硝态氮、好氧区硝化液回流处溶解氧、硝态氮等因素，在线实时计算建议内回流量，并考虑好氧区消化液回流处溶解氧对缺氧池反硝化的影响。

2）根据建议内回流量调整内回流泵的泵组搭配和频率控制，对泵组进行控制。调节周期应通过进水量和水质波动频率确定。

3）应设定内回流临界值延迟保护机制，避免回流泵频繁启停。

4）宜增加人工干预机制，当自动控制出现故障时，可启用人工干预机制，进行人工手动内回流控制模式，确保生化池内回流的稳定运行。

（5）智能内回流采用的算法可选择：

1）ADP算法：在机理模型未知的情况下，针对未知复杂非线性系统，建立硝化液回流量、内回流硝化液溶解氧与缺氧池硝态氮的数学模型；

2）BP神经网络：利用BP神经网络的自学习能力和逼近能力，来逼近系统的性能指标函数和最优控制策略。

（6）智能内回流的实施效益包括：生化池出水硝态氮、总氮稳定控制在内控指标内，工艺稳定运行，减少生产事故。

4.3.10 智能污泥回流及排放

(1) 智能污泥回流及排放的应用范围宜为：适用于产泥量较大，需要污泥外回流和剩余污泥排放的工艺段。

(2) 智能污泥回流及排放的控制目标是：基于模型算法，通过调节回流污泥量和剩余污泥量，维持生化池活性污泥系统健康正常运行，提高排泥水含固率，减少剩余污泥排放体积，节能降耗。

(3) 智能污泥回流及排放的实施条件

1) 回流污泥泵和剩余污泥泵配置台数满足最大内回流量需求和最小冗余备用率要求，并宜具备变频调节功能。

2) 对生化池活性污泥有连续精准的监测，监测对象包括但不限于：污泥沉降比(SV)、污泥容积指数 (SVI)、污泥浓度等，以及对活性污泥的表观特征进行连续观察。

3) 对二沉池及污泥泵房有连续精准的监测，监测对象包括但不限于：污泥泵房泥位、污泥浓度、含固率等，以及对二沉池出水堰泥水分离情况、跑泥现象进行连续观察。

4) 对污泥回流量和剩余污泥量有连续精准的监测。

5) 对污泥处理工艺有连续的监测，包括运行的情况、处理负荷等。

(4) 智能污泥回流及排放的控制要求

1) 根据生化池活性污泥的污泥状况，建立产泥模型，计算生化系统产泥量，调节污泥的外回流量和剩余污泥量。

2) 污泥回流应考虑活性污泥系统的污泥龄以及污泥系统当前脱氮除磷的效果。

3) 剩余污泥应根据污泥泵房泥位和污泥浓度控制剩余污泥排放，提高剩余污泥排放的含固率，减少剩余污泥排放体积。同时应考虑污泥处理系统的负荷，通过大数据分析协调剩余污泥排放与泥处理班次搭配。

4) 应设定延迟保护机制，避免污泥泵频繁启停。

5) 宜增加人工干预机制，当自动控制出现故障时，可启用人工干预机制，进行人工手动排泥模式，确保污泥回流和剩余污泥排放稳定。

(5) 智能污泥回流及排放采用的算法可选择：

1) 扩展卡尔曼滤波 (EKF)：根据模型预估产泥量、剩余污泥量、污泥回流量，控制污泥回流和剩余污泥排放。

2）强化学习算法：以提高剩余污泥排泥效率为目标，通过大数据分析学习，提高剩余污泥的污泥浓度，协调剩余污泥排放量与泥处理班次。

（6）智能污泥回流及排放的实施效益包括：维持生化池活性污泥的健康运行，减少生产事故。通过智能排泥，可提高含固率0.1%～0.2%，减少剩余污泥体积20%～30%，间接降低泥处理能耗及药耗10%～20%。具体节能效益需要结合工程分析测算。

4.3.11 智能加药除磷

（1）智能加药除磷的应用范围宜为：适用于污水处理厂深度处理高效池等需要投加化学除磷药剂的工艺段。

（2）智能加药除磷的控制目标是：基于模型算法，控制深度处理化学除磷PAC等药剂投加，实现出水稳定达到内控标准要求，降低药耗。

（3）智能加药除磷的实施条件

1）除磷剂投加装置应具备相应的调节能力：投加泵宜采用变频泵；设置必要的调节阀门、流量计及药剂回流管，投加系统具有较好的精度和可靠性。

2）对高效池运行情况有连续精准的监测，监测对象包括但不限于：污水处理厂进水总磷、生化池出水总磷、高效池进出水总磷及固体悬浮物浓度、温度、酸碱度。

（4）智能加药除磷的控制要求

1）应结合人工智能算法建立并使用化学除磷模型进行除磷剂投加控制。根据污水处理厂进水总磷、生化池出水总磷、高效池进出水总磷及固体悬浮物浓度、温度、酸碱度等因素在线实时计算除磷剂投加量，以及是否需要在生化池出水增加投加点分级投加，再通过除磷剂投加装置调整泵组阀门逼近目标投加量。

2）在生化池后二沉池前投加除磷剂需要注意用量，避免二沉池污泥回流后对生化池活性污泥系统产生影响。

3）宜增加人工干预机制，当自动控制出现故障时，可启用人工干预机制，进行人工手动除磷剂投加模式，确保高效池稳定运行。

4）有条件的情况下可尝试利用矾花图像识别分析评价药剂投加，逐步替代水质仪表，将复杂的机理归结到图像识别分析，减少对水质仪表精准度的依赖。

（5）智能加药除磷采用的算法可选择：

1）Transformer 预测算法：对前端进水的磷含量进行预测，结合进水总磷作为前馈信息，再加出水总磷作为类稳态补偿的信息，综合做出控制决策。

2）BP 神经网络：利用 BP 神经网络的自学习能力和逼近能力，来逼近最优控制策略。

（6）智能加药除磷的实施效益包括：出水 TP 稳定达标，工艺稳定运行，减少生产事故，合理投加除磷剂，一般可节省药剂投加 5%～15%，具体节省药耗需要结合工程分析测算。

4.3.12 智能碳源投加

（1）智能碳源投加的应用范围宜为：适用于反硝化滤池等反硝化工艺段。

（2）智能碳源投加的控制目标是：基于模型算法，控制污水处理厂二级处理生化池缺氧区、深度处理反硝化滤池的反硝化作用的碳源投加，避免投加不足或过度而影响出水水质或造成浪费。

（3）智能碳源投加的实施条件

1）碳源投加装置应具备相应的调节能力：投加泵宜采用变频，设置必要的调节阀门、流量计及药剂回流管，能够较为精准地逼近目标药剂投加量。

2）对生化池运行情况有连续精准的监测，监测对象包括但不限于：生化池进水流量、化学需氧量、氨氮、碳氮比，缺氧区硝态氮、溶解氧，好氧区氨氮、化学需氧量。

3）对反硝化池运行情况有连续精准的监测，监测对象包括不限于：反硝化池进水硝态氮、溶解氧、反硝化池出水化学需氧量等。

（4）智能碳源投加的控制要求

1）应结合人工智能算法建立并使用碳源计算模型进行碳源投加控制。通过生化池进水流量、化学需氧量、氨氮、碳氮比，缺氧区硝态氮，好氧区氨氮、化学需氧量等因素在线实时计算生化池建议碳源投加量，再通过碳源投加装置调整泵组阀门逼近目标投加量；根据反硝化池进水量、总氮、硝态氮，出水总氮、硝态氮、化学需氧量等因素实时计算反硝化池建议碳源投加量，再通过碳源投加装置调整泵组阀门逼近目标投加量。

2）应充分发挥二级处理生化池脱氮机能，尽量在二级处理完成脱氮指标，在反硝化池碳源投加时要注意对出水化学需氧量的影响。

3）宜增加人工干预机制，当自动控制出现故障时，可启用人工干预机制，进行人工手动碳源投加模式，确保碳源投加稳定。

（5）智能碳源投加采用的算法可选择：

1）全连接神经网络：建立进水水质参数与对应碳源最适投加量的拟合关系。

2）BP神经网络：利用BP神经网络的自学习能力和逼近能力，来逼近最优控制策略。

3）XGBoost算法：XGBoost算法是一种基于决策树的集成学习算法，在智能碳源投加控制中，可以对进出水水质进行监测和预测，并根据预测结果自动调整碳源投加量和投加时机。

4）LightGBM算法：基于预排序方法的决策树算法，能精确地找到分割点，通过学习历史数据，预测未来的水质变化情况，决定最佳的碳源投加方案。

（6）智能碳源投加的实施效益包括：出水总氮、硝态氮稳定达标，工艺稳定运行不超标，减少生产事故；水质水量不稳定时能够及时自动调节投药量，消除不良风险；减少人力资源维护工作，自动运行，系统稳定；减少碳源投加，节能降耗，通过合理投加碳源，可以节省碳源投加5%～10%，具体节省药耗需要结合工程分析测算。

4.3.13 智能加药调理

（1）智能加药调理的应用范围宜为：污水处理厂污泥处理中需要调理的工艺段。

（2）智能加药调理的控制目标是：根据污泥含水率、含固率、污泥流量、浓缩脱水后泥饼含水率要求，基于模型算法，对混凝剂的投加量进行全自动精确控制，保证污泥浓缩脱水泥饼含水率达标，同时节省药耗。

（3）智能加药调理的实施条件

1）加药计量泵台数满足最大加药量需求和最小冗余备用率要求。

2）调理池/平衡池应配置相应的在线监测仪表，对运行参数进行连续精准地监测，监测对象包括但不限于：进泥流量、污泥浓度、泥位计、含水率以及脱水后泥饼含水率。

（4）智能加药调理的控制要求

1）应建立并使用混凝加药计算模型进行加药量控制。根据进泥流量、污泥含水率、泥饼含水率等因素，在线实时计算调理池/平衡池实际所需加药量；将实际所需加药量传输给加药控制系统，调整计量泵的频率或阀门开度，控制加药量的投加。

2）加药量控制可采用脱水后泥饼含水率作为控制目标，在含水率达到内控标准的情况下，节约药耗。

3）应设定加药量临界值延迟保护机制，避免计量泵的频繁启停。

4）宜增加人工干预机制，当自动控制出现故障或仪表数据出现异常时，可启用人工干预机制，进行人工手动加药模式，确保加药环节稳定运行。

（5）智能加药调理采用的算法可选择：

1）神经网络算法：根据进泥流量、污泥含水率、泥饼含水率等因素，预测混凝剂投加量。

2）模糊控制算法：根据脱水后泥饼含水率反馈调节混凝剂投加量。

（6）智能加药调理的实施效益包括：在保证脱水后泥饼含水率满足内控标准的前提下，降低混凝剂的投加量，一般可节约药耗5％～10％，具体节省药耗需要结合工程分析测算。

4.3.14 智能污泥转运

（1）智能污泥转运应用范围宜为：适用于需要将污泥转运至污泥处置中心的污水处理厂站。

（2）智能污泥转运的控制目标是：在满足污泥料仓料斗不满溢，污水处理厂站正常生产的前提下，合理安排污泥运输车辆的分配和路径规划，以满足污泥的实际需求。

（3）智能污泥转运的实施条件

1）对污水处理厂站的污泥料仓料斗泥量有在线监测或连续的检测并录入线上。

2）对污泥转运车辆有连续精准的监测，监测对象包括但不限于：车辆位置、车辆轨迹、车辆状态、污泥载量等。

（4）智能污泥转运的控制要求

1）结合污水处理厂站料仓料斗污泥量进行预测分析，对污泥转运需求进行预判。

2）结合各污水处理厂站的污泥转输需求、地理定位、车辆情况以及污泥载量对线路进行分析，自动制定污泥路径规划。

3）应预先设置应急预案，出现预案中预设情况，污泥转运车辆可以及时调整污泥路径规划，直至应急解除。

4）宜增加人工干预机制，当自动控制出现故障时，可启用人工干预机制，进行人工分配污泥转输车辆，确保污泥转输有序。

（5）智能污泥转运的算法可选择：遗传算法、影子算法、蚁群算法等，根据转运需求、时间窗、车辆状态、路网分布分析制定污泥转运方案。

（6）智能污泥转运的实施效益包括：通过智能污泥转输可根据数据对转运车辆控制做出更科学合理的路径规划，达到管理便捷、生产有序、节能减排的目的。智能污泥转运的核心在于车辆调度，车辆调度同样适用于药剂转运、污水转运、排涝车应急调度等场景。

4.3.15 排涝智能控制

（1）排涝智能控制的应用范围宜为：包含泵站、阀门、闸门、调蓄池等排水防涝设施。

（2）排涝智能控制的控制目标是：基于降雨预测以及排水（雨水）防涝设施的运行状态，对排涝泵站、调蓄池、截流井、河道闸等可控设施进行实时控制，最大限度利用排水系统的调蓄空间，降低内涝风险发生概率、减轻内涝损失。

（3）排涝智能控制的实施条件

1）现状排水（雨水）管道渠道系统有较为清晰准确的基础数据。

2）具有连续监测的历史降雨数据并能进行降雨预测。

3）对雨水系统，包括管网、排水（雨水）防涝设施、内涝积水点等状态进行实时连续地在线监测。

4）排水系统具备可调度空间，且关键排涝泵站、调蓄池、截流井、河道闸等设施具备自控能力。

（4）排涝智能控制的控制要求

1）应建立排水系统水量传输模型。根据降雨、汇水范围、下垫面等情况，以及管网、排水设施、河道的水位，在线实时计算管网及关键设施的水量。

2）应建立基于降雨预测的优化控制模型。根据实时监测数据及水量传输模型，给出设施的控制策略，控制因子包括但不限于调蓄池出水流量、泵站排涝量、阀门开度、闸门开度等。

3）应设定设施控制延迟保护机制，避免设施的频繁启停。

4）宜增加人工干预机制，当设施自动控制出现故障时，可启用人工干预机制，进行人工手动控制，确保排涝设施能正常工作。

（5）排涝智能控制的算法可选择：管道-河道水力模型，根据降雨模型、产汇流模型、管道水力模型以及河道耦合的模型，可模拟计算降雨和排水过程。

（6）排涝智能控制的实施效益包括：综合考虑水位、水量、雨量和积水点情况，通过阀门、闸门科学控制排水管网系统，使之与雨情相匹配；调蓄池充分发挥削峰错峰功能，缓解排水系统压力；排涝泵站科学合理调度，减少内涝风险。

4.3.16 智能照明

（1）智能照明的应用范围宜为：地下或半地下的净水厂、污水处理厂的照明系统。

（2）智能照明的控制目标是：在满足日常巡检、车辆运输、视频监控的要求下，按需照明、低碳照明。

（3）智能照明的实施条件

1）地下或半地下净水厂、污水处理厂照明系统关键照明宜采用智能节能灯具，能适应不同功能照明要求。

2）主廊道、各工艺单元应安装红外传感器。

3）照明系统具备调节功能，可实现多种运行工况对应不同场景需求。

4）对地下箱体内的照明进行分区分片管理，同时结合日常生产管理巡视的安排，对区域照度进行精准控制。

（4）智能照明的控制要求

1）通过在软件上设定定时控制、逻辑控制等可实现水厂照明的自动化运行而不需要人工干预。可通过计算机、手机终端、现场智能面板、红外传感器等任一终端开启或者关闭照明灯具。

2）根据人员及车辆的流动触发走廊、工艺单元的自动照明；基于时段、预设场景实现工艺区段的个性化照明。

3）应预先设置应急预案，在应急情况下，及时启动预先设置的应急预案，通过照明指导人员快速疏散。

（5）智能照明的算法可选择：模糊控制算法，根据时间、条件触发、场景预置、多条件多参数以及历史大数据分析，实现照明的自调节。

（6）智能照明的实施效益包括：管理便捷、节能降耗，通过实施智能照明可延长灯具运行寿命2～3倍。

4.3.17 智能通风

（1）智能通风的应用范围宜为：地下或半地下的净水厂、污水处理厂等有限封闭空间的通风系统。

（2）智能通风的控制目标是：根据不同的运行模式或地下箱体内的相关气体质量指标，实时调节风机机组的运行工况。

（3）智能通风的实施条件

1）地下或半地下净水厂、污水处理厂通风系统及除臭系统鼓风机配置台数满足换气次数要求，并宜具备变频调节功能。

2）地下或半地下污水处理厂进水泵房、格栅、沉砂池、生物反应池、污泥储池、污泥脱水机房等区域应封闭，并应配置相应的硫化氢、甲烷等在线气体检测仪表。

3）对地下箱体内的通风进行分区分片管理，同时结合日常生产管理巡视的安排，对区域通风进行精准控制。

（4）智能通风的控制要求

1）根据有人巡检或无人巡检自动设定运行模式，有人巡检时应根据巡检路线提前加大相关区域换气次数。

2）根据硫化氢、甲烷等气体浓度情况自动调节通风，加大换气次数。

3）根据设备运行台数、需排除余热以及分区温度自动调节各区域换气次数。

（5）智能通风的算法可选择：模糊控制算法，根据换气次数、换热需求、空气质量等多条件多参数进行分析计算，实现风机机组的自调节。

（6）智能通风的实施效益包括：环境安全、节能降耗。地下半地下净水厂、污水处理厂的通风能耗占比较高，通过实施智能通风一般可节省通风电耗5％～10％，具体节能效益需要结合工程分析测算。

5 智 慧 化 决 策

决策是为了实现特定的目标，根据客观条件和能够获取的信息，借助科学的方法和工具，对影响目标实现的因素进行分析、计算和判断后，对未来的决策行动作出决定和安排。决策程序一般包括发现问题、确定目标、确定评价标准、制定方案、评估选优、实施决策和追踪反馈等环节。

城镇水务智慧化决策是针对城镇供排水系统多设施、多维度和多目标的复杂业务场景，利用数学模型、大数据和人工智能算法等数字技术，通过模拟仿真、数据挖掘、预警预测和智能诊断等方法，实现复杂水务业务的预判规划、优化调度、应急管理及情景分析，辅助制定科学、精准、有效的决策方案，提升城镇水务行业生产、调度、管理和服务水平。

5.1 一 般 要 求

智慧化决策应在供排水系统全设施的信息智能感知以及远程（集中）控制基础上建立决策支持系统实现。

智慧化决策系统应结合具体应用场景需求建立模拟分析（工艺模型、水文模型、水动力模型、水质模型、控制模型和调度模型）、机器学习（数据仓库、联机分析处理和数据挖掘）及分析判断（知识库、专家库、预案库和案例库）等能力实现科学决策支持。

智慧化决策分为两类：一是模型驱动型决策，运用数值模拟来帮助决策制定最优方案；二是数据驱动型决策，以数据为中心，利用数据仓库、数据挖掘与分析处理对海量数据对象进行筛选分析，通过基于大数据技术的机器学习算法获得最优方案，提升决策能力。

智慧化决策通过对获取的动态水务数据进行预处理，如清洗、抽取、转换和标准化等，将数据存入大数据仓库，深度挖掘数据价值，根据业务规则将数据转化为知识，为决策提供依据。

智慧化决策应全面规划建设数据库、模型库、规则库和知识库。水务数据库由空间数据、属性数据和模型数据等构成；模型库主要由预测和评价模型、系统仿真模型、规划管理模型和决策控制模型等构成；规则库主要包括问题对策规则库、决策描述规则库和数据转换规则库等；知识库包括各种自然环境知识、决策人员的知识经验，以及进行推理和问题求解所需的知识。智慧化决策流程如图 5-1 所示。

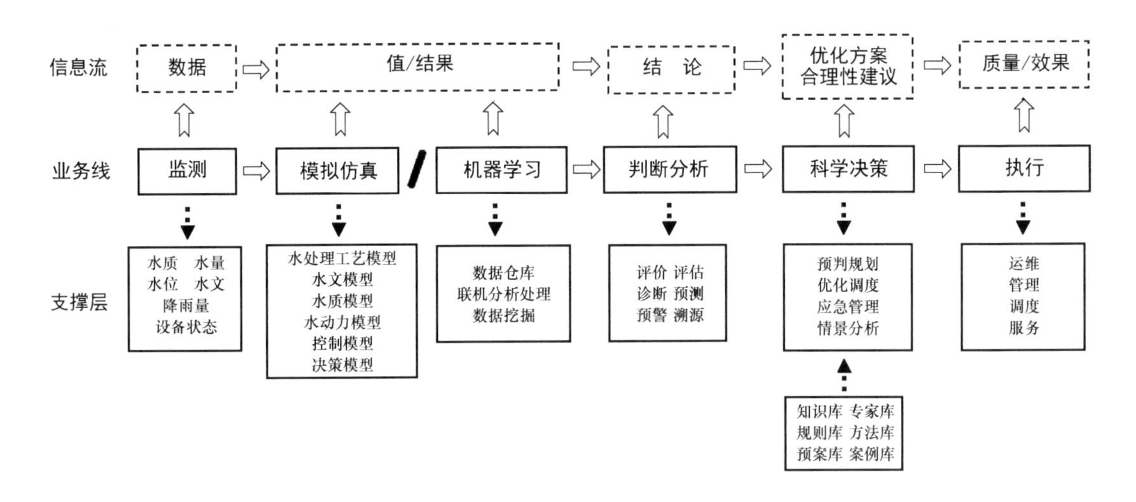

图 5-1 智慧化决策流程图

5.2 仿 真 模 拟

智慧化决策的核心是应用仿真模拟技术以及大数据分析、人工智能算法对复杂问题进行仿真模拟、判断分析和科学决策。水务行业仿真模拟对象包括供（污）水厂（站）、供（排）水管网、降雨地表径流和河湖地表水体等。基于产汇流、水力传输和水质模拟原理，以及水处理工艺原理，通过模拟仿真技术为水务对象建立单独模型或者集成模型，并对模拟结果进行分析和迭代优化，辅助制定综合效益最佳的决策方案。仿真模拟模型见表 5-1。

仿真模拟模型一览 **表 5-1**

仿真模拟	描述	基础模型	可采用软件工具	支撑决策
水处理工艺模拟	对水处理流程进行仿真模拟，根据模拟结果进行全厂运行优化调度；预测预警、应急处置；可对新/扩改建污水处理厂的工艺可行性进行验证，提高改造方案的科学性；可采用离线历史数据动态连续模拟和实时在线数据动态模拟的方式，对污水处理过程中的曝气量、内外回流比、多点进水比例、PAM/PAC 加药量等运行调节参数给定值进行优化	活性污泥模型、沉淀模型、过滤模型、厌氧消化模型等	WEST：包括 ASMs、沉淀池模型等，适用于对水处理过程的模拟（除碳、脱氮除磷、污泥沉淀、污泥回流等）。 STOAT：包括 ASM1、Takacs 沉淀池模型，可模拟沉淀、活性污泥系统、序批式反应器、二沉池、污泥脱水等水处理过程。 BIOWIN：包括 ASM1、ASM2D、ASM3、污泥消化模型，可模拟沉淀、活性污泥系统、污泥处置等工艺模拟，软件包含静态分析器和动态仿真器。 GPS-X：集成多种活性污泥模型，如 ASM1、ASM2/2D、ASM3、ASM1 温度模型、ASM1 除磷模型、简化除磷模型、简化脱氮除碳模型、丝状菌膨胀模型等，适用于模拟各种活性污泥工艺、生物膜工艺以及其他污水营养物去除工艺。 SMBA：包括 ASMs、厌氧消化、污染负荷模型等，可用于模拟 SBR 系统、推流式反应器和氧化沟等结构设施。能针对污水处理厂和排水管网进行整体仿真。 EFOR：包括 ASM1、ASM2D 以及 split-point settler、simple 2-layer settler 和 full flux-model 3 种水力模型，能模拟有机物去除、硝化和反硝化、生物和化学除磷等过程，而且可以模拟污泥床运转以及污泥回流等生物过程。 ASIM：包括 ASM1、ASM2、模拟传统活性污泥工艺、SBR 工艺等多种方式。 FLUENT：基于 CFD 进行水处理构筑物中流体、流态特性模拟	污水处理厂超标进水应急处理决策
供水管网模拟	基于真实管网数据和监测信息，通过管网平差和水力模型，实现供水管网评估、供水优化调度、压力分区、漏损管理、水锤分析、爆管管理、水质分析以及应急预案管理等功能	水力、水质模型	EPANET：EPA 开源，可模拟管网中的水头、水质、水量，具有管网平差计算、运行工况模拟分析等水力状况模拟功能，通过水质模拟功能进行追踪分析。 Water GEMS：具有管网平差、管网运行分析、成本分析等功能。 MIKE Urban：具有管网平差、余氯等水质模拟分析、管网运行分析等功能。 InfoWorks WS：具有管网平差、水力计算等功能。 HAMMER：可用于水锤计算。 鸿业：国产，可模拟给水管网平差计算	供水多水源多水厂调度决策。 供水管网运行优化决策。 供排水突发事故应急决策
雨洪径流模拟	模拟调蓄、渗透及蒸发等水文过程，可模拟雨水径流在地面的汇流过程，可实现海绵设施对场地径流量、峰值流量及径流污染控制效果的模拟	水文、水动力、水质模型	SWMM：提供霍顿（Horton）模型、格林-安普特（Green-Ampt）模型以及 SCS 曲线数下渗模型来计算入渗量。汇流计算采用非线性水库，可以通过联立连续方程和曼宁方程求解。 MIKE URBAN：产流计算采用降雨入渗法、运动波/单位线/线性水库汇流，计算方法有时间-面积曲线法（又称等流时线法）、线性水库法、非线性水库法和单位线法 4 种。 InfoWorks CS：产流计算采用固定比例产流和 SCS-CN 产流、汇流计算采用非线性水库汇流。 鸿业：低影响开发设施的布局设计，地块径流计算	源-网-厂-河（湖）水环境运维决策-海绵城市径流污染控制。 城镇排水（雨水）防涝应急决策-海绵城市径流总量控制

续表

仿真模拟	描述	基础模型	可采用软件工具	支撑决策
排水系统模拟（排水管网及河湖水动力模拟）	实现排水系统运行现状分析评估和预测模拟，最大限度降低城市内涝风险、减少合流制系统溢流污染、提升城市水环境、实现排水行业碳减排。并为排水系统的设计改造、优化调度方案的决策提供支撑	水文、水动力、水质模型	SWMM：EPA开源，管道汇流时提供了三种方法：恒定流、运动波和动力波，并没有单独列出扩散波。 MIKE Urban：管网汇流可采用运动波、扩散波和动力波。 InfoWorks ICM：管网汇流采用求解一维圣维南方程组的动力波模型。 XP-SWMM：产流计算方法为径流系数法，汇流模型以圣维南方程组所求解。 Water GEMS：可模拟分析重力流、压力流、过渡流、表面溢流等复杂水力现象。 Digital Water：国产，采用SWMM内核，管网流量演算采用动力波/运动波模型。 鸿业：实现城市地形识别、暴雨模型建立、管道平面和竖向设计、推理法雨水管网计算、模型法雨水管网计算、模型法暴雨模拟结果展示、淹没分析等。 FLUENT：可用于排涝泵站大型水泵机组运行调度仿真模拟	排水管网破损渗漏诊断及修复改造决策。 城镇排水（雨水）防涝应急决策-城镇内涝防治及应急处置。 供排水突发事故应急决策
河湖水体水质可达性模拟	模拟污染物在水体中发生的稀释、扩散、沉降和自净等现象和规律。是水质预测、规划管理、污染防治及环境保护的关键和基础。对突发性水环境污染事故进行预演、预报和预警；对水环境治理方案进行评估；对控源截污、再生水补水等调度措施的决策提供支持	水质、水动力模型	Streeter-Phelps（S-P）：描述一维河流中BOD_5和DO消长变化规律的模型。 CE-QUAL-W2：二维横向平均水动力和水质模型。可模拟湖泊和水库的垂直变化、富营养化、季节性周转、蓝藻水华等。 MIKE：包括一维MIKE11、二维MIKE21、三维MIKE31。可用于复杂条件下的水动力水质计算，包括水动力模块、水质运移模块、富营养模块、重金属模块、泥沙模块等。适用于河流、湖库、河口、海湾的动态水质模型，研究的变量包括氮、磷、DO、COD、藻类、水生动物、岩屑、底泥、重金属等。 QUALⅡ：河流综合水质模拟，采用有限差分法模拟计算一维平流-弥散的污染组分的迁移转化规律。已推出QUAL2E、QUAL2E-UNCAS、QUAL2K等版本。QUAL2E可用于水环境容量计算，QUAL2K是在QUAL2E基础上开发的纵向一维河流稳态模型。 WASP：系统包括EUTRO和TOXI两个模块，适用于对河流、湖泊、河口、水库、海岸的水质模拟，支持一维、二维、三维模拟。能广泛模常规污染物、溶解氧、富营养化、温度、有毒污染物有机物、简单的金属、汞等。先后发展为WASP4、WASP5、WASP6、WASP7等版本。 EFDC：支持一维、二维、三维模拟，模型包含水动力、泥沙、污染物及水质等模块，是一款开源的地表水模型。 Delft3D：一维、二维、三维河道水动力-水质模拟，适用于水流、泥沙、波浪、水质及生态等模拟。 DigitalWater River：国产，适用于河道、浅水湖泊一维、二维、三维水动力水质模拟，水环境容量计算	突发水污染事故应急决策。 源-网-厂-河（湖）水环境运维决策-河湖水环境质量管控

5.2.1 水处理工艺模拟

水处理工艺模型包括给水处理和污水处理工艺模型，给水处理工艺模型包括沉淀模型、膜分离模型、水力模型等，污水处理工艺模型包括活性污泥模型、生物膜模型、厌氧消化模型、沉淀模型、水力模型等。活性污泥模型的基础模型包括埃肯菲尔德（Eckenfelder）模型、劳伦斯和麦卡蒂（Lawrence-McCarty）模型、莫诺（Monod）方程、B&D 模型、ASM 系列（ASM1、ASM2、ASM2D 及 ASM3、ASM2+TUD）模型；生物膜模型分为分析、伪分析，一维和多维模型；厌氧消化模型主要是采用 IWA 的厌氧消化 1 号模型（ADM1），用于描述有机废水/固废（如污泥等）的厌氧消化过程；沉淀模型包括 Takács 沉降速度模型和分层沉淀模型，污水处理二沉池工艺模拟中常用模型还包括理想分离点模型、简化沉淀模型，以及固体通量沉淀模型；膜分离模型包括超滤模型、反渗透模型、电渗析模型、气体分离模型、液体-液体萃取模型等；水力模型是基于计算流体力学（CFD）进行速度场、压力场等参数计算，主要有差分法、有限元法、有限体积法三种计算方法。

5.2.2 水文模拟

（1）地表径流水文模型

地表径流模拟过程包括了从降雨开始到进入排水管道之前的水文过程，由产流模型、产流初损模型、下渗模型和汇流模型组成。产流模型用于估算降雨过程中产生的地表径流量，可选用径流系数法-经验模型、单位线法-经验模型、SCS 单位线模型、克拉克单位线模型、斯奈德单位线模型等；产流初损模型用于估算地表径流流失过程中的损失，包含无洼蓄量的不透水地表产流量、有洼蓄量的不透水地表产流量以及透水地表产流量；下渗模型用于估算雨水渗入土壤中的速率，可选用曲线数模型、霍顿（Horton）公式、格林-安姆特（Green-Ampt）模型、菲利普（Phillips）公式等；汇流模型用于估算径流在流域内的传输，可选用马斯京根法（Muskingum）、MC（Muskingum-Cunge）演算法、动力波、非线性水库等。

（2）河流水文模型

河流水文模型用于描述河道水流的输运和演化过程，在一维非恒定流圣维南方程组简化的基础上，依据河段的水量平衡原理与蓄泄关系把河段上游断面入流过程演算为下游断面出流过程的方法。通过河槽调蓄作用的计算来反映河道水流运动的变化规律。这类模型主要包括：马斯京根法、特征河长法、扩散波模拟法、滞时演进法以及线性动力波法等。

5.2.3 水动力模拟

（1）供水管网水力模型

利用水力学原理模拟管网中水流的压力、流量、水位等参数的变化。管网水力模拟方式有稳定流状态运行、延时模拟运行和瞬变流模拟运行。稳定流状态运行应用于管网系统在相对稳定条件下的状态模拟，适用于对最大用水、消防、管道冲洗等工况分析；延时模拟运行的基础仍然是稳定流理论，而不是动态模拟，适用于水塔水池的进出水过程、阀门的开关过程，以及节点流量变化过程等组合条件的工况分析；瞬变流模拟运行应用动态模拟理论，如特征线法或声波法，适用于水泵启闭、断电、阀门操作等条件下产生的水锤分析。瞬态流模拟一般采用特征线法、声波法等方法。

供水管网的水力计算基于质量守恒与能量守恒定律。这两个定律在模型中体现在节点流量方程（连续性方程）和管道能量方程（水头损失方程）中。管道水力计算公式有达西（Darcy）公式、谢才（Chezy）公式、海曾-威廉（Hazen-Wiliams）公式。

管网平差是在按初步分配流量确定管径的基础上，重新分配各管段的流量，反复计算，直到同时满足连续性（节点）方程组和能量（环）方程组的环状管网水力计算过程。常用的管网平差方法有哈代-克罗斯法、牛顿-莱福逊法、线性理论法、有限元法和图论法。

（2）雨水管网水力模型

主要模拟排水系统中的雨水流动，其原理也是基于质量守恒和能量守恒定律，即通过节点流量方程和管道能量方程来描述管网水力过程，通常使用一维或二维流体动力学方程来描述。

雨水管网水力模型中常用输送模块和扩展输送模块进行排水系统的流量演算，并采用圣维南方程组求解。对于管网非恒定自由表面流模型，通常采用完全求解的圣维南方程模拟管道明渠流，对于明渠超负荷的模拟采用普雷斯曼窄缝（Preissmann Slot）法。非恒定明渠流的水流状态应满足质量和动量守恒定律，采用圣维南方程组求解；对于管网非恒定有压流模型，由质量和动量守恒定律推导出非恒定有压流的连续方程和动量方程。

除了输送模块和扩展输送模块，雨水管网水力模型中常用的还有下凹式泄洪口模型、格栅模型和虹吸排水模型等。下凹式泄洪口模型是用来模拟泄洪口的流量-水位关系，格栅模型是用来模拟雨水进入雨水口后被过滤的过程，虹吸排水模型是用来模拟雨水从较低位置被引入到较高位置的过程。

排水系统中调蓄设施的水力模型用于确定调蓄设施的水位、流量和压力等参数。其原理是基于质量守恒方程、动量守恒方程和水位-流量关系等基本方程，通常采用二维或三维的计算方法，考虑地形地貌、降雨入渗、渠道水流等因素的影响。调蓄设施的水力模型可分为工程水力模型和自然地形地貌水力模型两种。工程水力模型是指以调蓄设施的具体设计参数为基础，通过计算流体力学等方法，对调蓄设施内部的水流的速度、压力、液位等参数进行模拟和预测。自然地形地貌水力模型是指以自然地形地貌和周围环境的影响为基础，通过计算地形、土壤、植被等因素对水流的影响，来模拟和预测调蓄设施内部的水流流动情况。可将这两种模型综合运用来全面地分析和解决调蓄设施内部水流流动问题。

(3) 河湖（明渠）水动力模型

模拟河湖或明渠中的水动力过程，推算水面线和洪水淹没范围。根据研究目的和内容可选择一维或二维水动力模型。一维水动力模型采用圣维南方程组作为河道非恒定流控制方程，主要包括节点-河道模型、单元划分模型以及融合两者优点的混合模型。二维水动力模型采用二维浅水方程求解河道水力参数，根据河网拓扑的离散方式主要包括有限差分法、有限元法和有限体积法。

5.2.4 水质模拟

(1) 供水管网水质模型

模拟管网水质的变化规律和水质参数的分布情况的数学模型，对供水管网中余氯等具有明确反应动力学方程的化学物质以及仅扩散不反应的物质及水龄等水质参数进行模拟分析。常见的水质模型有水龄模型、余氯模型、污染物扩散模型、微生物模型、消毒副产物模型以及金属离子释放模型等。

(2) 降雨地表径流水质模型

模拟降雨径流中的污染物的运移和传递。地表污染物模拟包括污染物累积模型和冲刷模型：累积模型包括幂函数累积模型、指数函数累积模型和饱和函数累积模型；冲刷模型包括指数模型、流量特性冲刷曲线模型和次降雨平均浓度模型。考虑降雨的产流、水质污染物的输入、沉积、吸附和生物降解等过程，以及地表径流的径流深度、流速和流量等因素，降雨地表径流水质模型包括水平面模型、立体模型、细菌模型和污染物输送模型等。

（3）河湖水质模型

基于质量守恒原理和反应动力学原理，模拟污染物在水体中的平移、扩散、吸附或沉淀等物理过程，以及降解、衰减和转化等生物化学过程。根据污染物浓度梯度在空间的分布，可将水质模型分为零维、一维、二维和三维模型，分别求解对应维数的污染物对流弥散方程。按物质的输移特性分为移流模型、扩散模型和移流扩散模型；按水体的时间变化，包括水动力、水质和环境参数等的动态变化，分为动态水质模型和稳态水质模型，常用的动态水质模型包括水动力-水质模型，以及水动力-水质-生态模型等，常用的稳态水质模型包括质量平衡模型和质量平衡-水力模型等。

5.2.5 城市水系统模拟

以城市水系统管理与生态环境保护为核心的智慧水务建设，融合城市水系统与最新信息技术，为城市水务运营和管理提供更为全面、准确和实时的数据支撑和决策支持。城镇水务智慧化决策将水务业务领域涉及的决策问题通过水专业专家学者建立的物理模型或经验模型进行定量表达，使决策者站在客观科学严谨基础上把握决策过程。基于水资源与水安全（水量和水压），建立水资源自然循环和社会循环的系统仿真与优化；基于水环境与水生态（水质），研究污水能源流与物质流规律、污染物迁移转化规律等净化系统仿真与时空优化。通过数值模拟与仿真技术对城市水系统的运行状况进行预测、分析和优化，实现城市水系统问题的故障诊断、运行控制和应急决策。

城市水系统综合管理是一项综合性、复杂性、系统性很强的工作，近年来得到行业高度重视。以水系统各个组成部分的单独模型整合为集成模型能更简单和直观地分析流域或区域水系统的运行情况。随着对水务业务复杂过程机制的认识和过程模拟技术的增强，各种模型可以更好地表达业务过程机制，模拟方向更加多元化，决策者可有效地针对水资源、水环境、水生态、水安全等方面问题，综合考虑经济、社会和环境等多方面因素，更加灵活地选择合适的模块或模型“组装”成一个完整模型来模拟决策过程中涉及的水处理工艺、水文、水动力、水质、生态、经济以及耦合过程等，设计出不同决策模型，从而使决策更加有效。集成模型主要有两种集成方式：一是将模拟不同部分的单独模型整合到同一个平台，平台中一个模型的输出为另一个模型的输入；二是在一个模型软件中构建包含城市水系统的多个组成部分的集成模型。集成模型可综合考虑多个指标和目标，能实现全局和多目标的城市水系统决策优化。

5.3 水务智慧决策

水务智慧化决策，有别于智能控制针对的单一工艺环节局部最优解，智慧化决策针对的是多设施、多维度和多目标的复杂系统的全局较优解。水务行业智慧化决策借助最新物联网、云计算和大数据等信息技术全面感知城市水系统的所有环节，自动采集水务行业生产运行过程中实时数据，将专家知识、仿真模型与人工智能算法相结合，为决策者提供问题分析判断、建立仿真模型以及模拟决策过程和方案的环境，为提高水务运营管理决策水平和质量提供决策支持，实现安全保障、管理高效、成本优化和产能挖潜的目的，并对变化趋势预测及应对、突发事件预警及应急处置等辅助决策功能，提升城市水务管理和服务的水平。

城镇供水决策是构建水源保护-净化处理-输配全过程的城镇供水保障智慧管控决策体系，汇聚了从水源、净水厂、输配泵站及管网等城市供水系统全流程的设备和关键数据，承载了工艺知识、机理模型和软件工具等关键资源，实现对供水设备状态、水质和能耗等进行实时监控、优化管控与调度决策，实现安全优质供水，预警预报重大水污染事件，切实提升供水系统安全保障、节能降耗和精细化管控水平，为全面提升我国城镇供水保障技术水平、促进相关产业发展以及强化政府监管能力提供决策支撑。

城镇水环境决策是从流域水环境系统化整治的角度，构建以城市水安全、水环境、水资源保障、水生态修复为中心的"源-网-厂-河（湖）"一体化运营管理机制，对"源-网-厂-河（湖）"降雨-产汇流-管网-排水设施-排口-河网水系等各环节要素信息进行采集管理、模拟分析、预测预警，并能快速地在排水系统的规划设计、海绵城市污染控制、污水处理提质增效、污水处理厂运行优化、合流制溢流污染控制、城市黑臭水体治理、厂站网河一体化运维等方面为管理者做出科学合理的决策提供技术支持。

排水（雨水）防涝决策是通过在源头利用绿色海绵设施实现雨水的减量；在中途通过管网泵站、调蓄等实现雨水的高效、可靠的蓄排；在末端依托蓝绿色空间对超标雨水进行蓄排，结合设施调度实现低水快排、高水缓排的错峰模式，系统解决洪涝问题。在区域尺度上，按照"上蓄、中通、下排"的治理思路，注重"源头减排（绿）-过程控制（灰）-末端治理（绿蓝）"的系统建设和有效衔接，通过灰、绿、蓝交融提升城镇排水（雨水）防涝功效，通过灾害监测、预报预警、风险评估，实现日常管理、运行调度、灾情预判和辅助决策，提高城市排水防涝设施规划、建设、管理和应急水平。

5.3.1 突发水污染公共卫生事件应急决策

（1）决策目的

水源地极易遭受公共卫生事件包括生物污染（致病微生物、病毒和寄生虫等）、化学污染（剧毒、有毒、有害化学物品）、油污或放射性污染等影响，城镇供水水源突发性水污染事件严重威胁国民经济和城市供水安全。为确保饮用水水源环境安全，科学应对饮用水水源地存在的各类风险隐患，应加强水源地水污染的实时监测监控、及时预警预测和应急响应，以有效预防和应对水源地水环境突发事件，提高水源地应急管理水平和效率，保障供水安全。

（2）决策内容

决策内容应包括水源地水质监测和评价、水源地水质预警和风险评估、应急响应、形成应急方案、应急处置、后评估等方面。

建立水源地监测、监控体系，及时发现异常情况和突发事件。采用 CE-QUAL-W2、MIKE、QUAL2E/2K、WASP、EFDC、Delft3D 等软件建立水质模型，实现水质监测数据统计分析、异常判别、水质评价、趋势分析、追溯等功能，快捷掌握水源地水质状态；在水质监测站点数据超过安全阈值或正常标准时，判定其污染程度，同时进行污染源的定位和污染物的辨识，进行预警并快速进行事件溯源与追踪；启动紧急响应机制，组织相关人员到现场进行调查和处理；根据事件污染物类型、风险等级、位置和影响范围，制定相应应急方案，包括救援方案、撤离方案、污染治理方案等；根据应急预案、应急资源（管理机构、救援队伍、专家、物资、运输、通信、医疗、资金等）和应急专家知识库等资源，依流程进行应急处置；在事件处置结束后，进行跟踪与后期记录，提供常态监控和事件处置的后评估功能。

（3）决策执行

依据《中华人民共和国水污染防治法》《中华人民共和国突发事件应对法》《国家突发公共事件应急总体预案》《国家突发环境事件应急预案》以及水利部《重大水污染事件报告暂行办法》等相关法律法规，开展饮用水水源地突发水污染事件应急管理工作。应收集、整理国家与上级部门发布的相关政策、法规、预案、技术方案、知识经验等，建立突发水源地水污染预案库、知识库、技术方案库、事件案例库、应急资源库等资源库；需建立应急预案体系、做好应急资源准备、建立应急预警机制、做好应急处置工作、做好应急演练和评估。

水源地突发水污染事件应急管理由事前预防、事中处置和事后处理组成。事前预防，应基于结合排污申报、排污许可、污染源自动监控等工作环节，动态监管污染源及污染排放情况，防范异常情况污染源及污染排放的动态监管；事中应急反应处置，发生事件时，应整合环保系统信息资源，采取正确的、有针对性的反应措施，包括接警甄别、预案启动、指挥调度、调查处置、监测预警、信息报送、预案关闭等环节，发生突发环境事件后，环保部门将立即启动应急预案，根据掌握的污染源监管信息分析污染状况，采取措施切断源头，组织监测污染成分，控制污染物扩散，启动备用水源、跨流域或跨行政区域应急调水、净水厂进行水质应急处理、运用运水工具和储水设备供水等；应急救援工作结束后，查找水源地突发水污染事件原因，编制总结报告并及时上报，组织、邀请有关专家组织实施应急过程评价，应及时将应急资料归类存档；事后处理，应包括总结升级预案；对责任人进行经济、行政，直至法律责任的处理；组织有关专家对涉及饮用水源地突发环境事件范围进行科学评估，提出生态环境恢复的建议。

5.3.2 供水多水源多水厂调度决策

（1）决策目的

随着城市发展和城乡一体供水的推进，城市供水管网系统往往是一个多水源、多水厂、多分区和多连通的复杂供水系统。多水源综合利用能够优化缺水城市的水资源结构，强化供水保障能力的强化，多厂协同供水方式可提高供水安全性和可靠性。多水源多水厂供水系统调度决策在多个水源和水厂之间合理分配供水任务、确定水源调度方案、控制水厂运行模式等，在保证供水服务质量的同时降低供水能耗，实现水资源的高效利用，供水的优化节能以及供水水质的最优化，保障城市供水安全。供水多水源多水厂调度决策方法有优先级调度法、贪心调度法、基于预测的调度法以及基于模型的调度法。下面介绍基于供水管网模型的调度方法。

（2）决策内容

决策内容应包括多水源联合调度、多水厂联合调度、净水厂网联合调度及净水厂运行优化决策等方面。

多水源联合调度：对于多水源原水系统，通过合理配置和调度，使得不同水源优势互补，最大限度地实现水资源的综合利用；应建立“水源-水厂-分区用户”三层供水拓扑结构，通过水资源供需平衡分析，在总量上协调各种水源与不同用户之间的分配关系，进而制定相应的水资源配置方案；采用 EPANET、WaterCAD、Water GEMS、MIKE Urban、InfoWorks WS、鸿业等软件建立供水管网水力模型，设置调度情景方案，通过输供水管网水力模型模拟得出不同来水条件、不同需水情景的水资源优化配置调度方案，得到多种水源在城市供水管网系统中的分配方式；应针对各种事件制定应急调度预案，采用供水管网水力模型对预案进行模拟预演，优化应急预案，快速解决多水源、多用户之间的应急供水问题，找到应急情景下的可替代水源和输供水调度方式。

多水厂联合调度：针对供水系统中存在多个水厂，通过多水厂水量、水压优化调配，最大限度地发挥不同水厂的产能和优势；应采用供水管网水力模型对各个地区和时段的净水厂供水压力及出水量进行分析。在满足用户对水质、水量、水压的要求下，进行用水量预测、水厂进水量能力分析、水源水量分配和取水泵组开泵寻优，尽可能降低原水调度成本；通过供水管网水力模型模拟分析，实现多水厂水量、水压优化调配，及时发现和消除各水厂供水边界及管网供水不利点。部分水厂停产应急调度应采用管网水力模型对应急方案进行预演和优化。

净水厂网联合调度：开展净水厂和供水管网联合调度，实现供水的优化调配和原水调度成本的降低；应通过用水量预测、水厂出水流量和压力优化以及送水泵组开泵寻优，得到送水泵房水泵机组优化组合方案。根据管网监测数据和现有供水方案，针对管网分区特点，采用供水管网水力模型对优化组合方案进行模拟分析，匹配水厂泵站运行调度与管网压力分布相适应的供水方案。

净水厂运行优化决策目标是采用水处理工艺模型进行模拟和预测，智能控制实现的是单环节单工艺的局部最优控制方案，净水厂运行优化决策实现的是在水源-净水厂-供水管网的大系统整体调度决策前提下，单水厂内部工艺系统联合运行的较优运行策略，保障净水厂长期安全、稳定、高效运行。

（3）决策执行

通过水源、水厂和用户多级优化策略实现多水源多水厂联合调度。在多个供水源、多个水厂和多个用户需求之间，根据水质、水量和运行成本等多种因素，合理分析原水泵站、净水厂的清水池、送（配）水泵站、供水管网、增压（调蓄）泵站和减压阀等多个环节，制定合理的供水调度方案；多水源调度通过调整水源的供水比例和水源间的切换来优化供水质量和供水能力。应考虑不同水源的供水能力、经济性和合理性，如有重力供水，优先使用；水厂调度应通过调整不同水厂的运行状态，以适应不同的用水量和水质需求，应优先关闭高能耗、低补净水厂；厂网调度在满足管网系统中各节点的用水量和供水压力条件下，合理调度给水系统中各净水厂站、管网、水箱、水池和减压阀的联合运行。根据泵站间的水力关系进行流量优化分配，实现取水泵站间优化调度。合理设置调压阀、增压泵等设施，优化管网布局和管径选型，降低供水能耗和水压波动。

5.3.3 供水管网运行优化决策

（1）决策目的

供水管网运行优化决策目标是通过供水管网水力模型进行模拟分析和优化，安全可靠地将净水厂符合流量、压力和水质要求的水供应给用户，最大限度地提高供水系统安全可靠性，降低供水运行成本，提高运行管理水平。供水管网运行管理决策主要包括漏损分析及控制、爆管分析及抢修、水龄控制、管网水质污染溯源等方面。

（2）漏损分析及控制

1）决策内容

控制供水管网的泄漏损坏是提高供水质量与供水稳定性的关键。为进一步加强公共供水管网漏损控制，提高水资源利用效率，《住房和城乡建设部办公厅国家发展和改革委员会办公厅关于加强公共供水管网漏损控制的通知》（建办城〔2022〕2号）明确：到2025年，全国城市公共供水管网漏损率力争控制在9%以内。漏损控制应通过分区计量、管网漏损监测技术、压力控制、管网改造等，实现对全管网的精细化分段、分点管理，降低城市管网产销差率，均衡管网压力，减少管网事故发生率，降低漏耗和电耗，节约城市水资源，综合提升供水管网管理水平。决策内容应包括DMA分区管理、漏损分析及控制、压力控制以及管道修复更换等。

DMA分区管理。依据《城镇供水管网分区计量管理工作指南——供水管网漏损管控体系构建（试行）》选择供水管网DMA分区计量实施路线。根据DMA分区方法结合实际流量计的安装点位以及供水用户规模及分布情况，将供水管网划分为若干个相对独立的区域，建立分区计量、分区监测和分区管控等管理机制，实现对DMA分区的精细化分段、分点管理，以及长期监控分区漏损率的变化趋势。

漏损分析及控制。可采用EPANET、Water GEMS、MIKE Urban、InfoWorks WS、鸿业等软件建立DMA区域供水管网宏观、微观水力模型，模拟全管网压力、流速等分布。综合考虑管道耐压等级、敷设年限、DMA 分区的夜间最小流量等因素判断是否存在漏损危险区域。漏损评定应按现行行业标准《城镇供水管网漏损控制及评定标准》CJJ 92—2016 的有关规定，根据实测压力和流量数据，通过质量守恒、能量守恒方程进行漏损评估，判断漏水量、漏水位置和漏水原因等。基于管网漏损数据分析漏损规律，并根据漏损规律合理预测供水管网漏损趋势，对于分区漏损率异常增加情况进行风险预警，并形成漏损控制方案。

压力控制。利用管网水力模型生成能够反映管网压力分布情况的等水压曲线和等水压面，再结合不同区域的使用功能、重要程度和服务压力要求，将管网进行分区，并制定各分区内的最佳压力控制范围，合理降低不同区域内的供水压力。通过对减压阀的控制来调节区域漏损。

管道修复更换。基于管网流量、压力监测数据分析，对各个独立计量区漏失水平进行评估和比较，有效确定漏失水平最严重的区域并优先控制，制定管道修复更换计划。

2）决策执行

应通过多级 DMA 区块规划设计与建设，水量审计与水平衡分析，确定各（级）区块漏损水平，对漏损严重区块进行重点监控与干预，消减和控制漏损水平；应从主动检漏、管网维护、压力控制、科学管理四个方面进行；应对管网漏损进行现场干预，实施检漏、探漏、修复、管线改造等措施。

应采用分区调度、区域控压、局部控压等手段，控制供水管网压力趋于合理水平，有效避免爆管引起大范围的水质异常和压力下降；压力控制宜采取逐步调减的方式，可选择恒压控制、按时段控制、按流量控制和按最不利点压力控制等方式。

（3）爆管分析及抢修

1）决策内容

供水管道爆裂等突发事件带来的供水安全、经济损失及社会影响。为提高爆管事件预防、快速反应及事件处理能力，应基于对供水管网运营实现态势感知，及时进行爆管预警分析并在发生爆管时合理地关闭相关阀门，快速响应。决策内容应包括爆管识别、爆管定位、关阀、爆管应急调度方案生成等。

采用 EPANET、Water GEMS、MIKE Urban、InfoWorks WS、HAMMER 等软件进行管网的水锤分析及其他因素分析，发现水锤产生的原因以及水锤产生时对管网供水安全的影响，识别出未来可能发生爆管和漏损的管段；在管网出现爆管时，结合管网流量、压力、流速监测数据，通过管网GIS和水力模型进行爆管分析，计算出爆管所影响的阀门以及爆管位置，同时计算爆管前水压、爆管后水压等数据，确定爆管的位置；通过关阀分析确定最佳的关阀停水方案；关阀后通过管网水力模型分析管网供水状况，通过决策系统或根据人工经验形成调度方案，保障非故障区的正常供水。

2）决策执行

应在管网压力监测指标异常时及时预警，并迅速采取管网加压、减压或关闭阀门等远程控制措施，缓解爆管事件时常发生的问题；爆管后应圈定停水区域，制定抢修方案，通知并指导人员车辆到达现场实施抢修；应提出通过管网优化运行、加强管网维护与管理等手段预防某些类型的“爆管”发生或降低“爆管”风险；应评估管段的爆管风险等级，对风险等级高的管段密切关注，提出更换维修管道的建议，或加装数量较多的带瞬变流监测的测压点；应通过管网分区控制管网压力流态，有效避免爆管引起大范围的水质异常和压力下降。

（4）水龄控制

1）决策内容

水龄是指水从进入管网到达用户的时间，降低水龄是改善供水管网水质的重要手段。应建立供水管网水力模型，模拟供水路径及水流速度，求得各节点水龄值，提出管网改造或运维建议来减小管网水龄；建立管网优化改造模型，目标函数为管网改造的经济性目标和水质影响后果的最小化，以可能发生水质恶化的管段为决策变量，寻求给水系统建设费用或运行费用最小的管网改造方案。

2）决策执行

控制水龄的方法有：优化供水方案，如增加水源、优化供水管网布局；管网运行调度，采取调度措施提高供水流速，调整管网压力；进行管网改造或运维，在水龄过长的节点或管段增加新的管道或阀门、增加水箱水池、增加供水管道直径、减少管道长度、改善管道材质，以及加强管网清洗和消毒等；制定短期和长期的管网更换、维修和管理计划，对管网分阶段进行维护改进。

（5）管网水质污染溯源

1）决策内容

供水管网水质易受污染，需通过管网监测和水质污染源溯源，找出污染源头并采取相应措施，保证供水管网水质安全。应建立管网水质模型，实时模拟管网中的水质情况，预测水质指标的空间（水源、净水厂、管网）变化规律，实现水质风险的预警预判；污染溯源即进行污染源的定位和污染物的辨识，利用污染源定位模型，能够快速定位污染源，为尽快控制污染物扩散争取时间；形成处置方案。评估污染范围及影响，制定相应的处置方案。

2）决策执行

当管网水质出现污染时对污染区域停水或者降低供水水压防止污染物扩散，可采取的污染处置措施有管网冲洗，冲洗时间、流量和水质应符合《给水排水管道工程施工及验收规范》GB 50268—2008 和《城市供水水质标准》CJ/T 206—2005 的要求，确保冲洗效果。管网冲洗可以通过向管网中注入含氯漂白粉、高锰酸钾、过氧化氢等清洗液；可利用紫外线、氯等消毒剂对污染水进行消毒等；如果污染严重或污染范围较大，需要启动应急预案，采取相应的措施进行处置，包括加强现场监测、调整供水管网运行方式、加强信息发布和群众教育等。

5.3.4 排水管网破损渗漏诊断及修复改造决策

（1）决策目的

城镇排水管网改造修复是污水处理提标增效工作的重点和难点。根据《城镇排水管道检测与评估技术规程》CJJ 181—2012 的要求进行排水管破损渗漏问题的诊断评估，进行管网修复或更新决策，以提高污水处理厂处理进水水质浓度，实现管网修复改造的精准施策，保障排水设施的可靠性和安全性。

（2）决策内容

决策内容包括管网破损渗漏识别、确定管网修复的区域范围、制定管网修复改造方案等。

管网破损渗漏识别。可采用 SWMM、MIKE Urban、InfoWorks ICM、XP-SWMM、Digitalwater、Water GEMS、鸿业市政等软件建立排水管网水动力模型，分析排水系统运行规律和水量平衡，识别入流入渗和损坏渗漏等问题。

确定管网修复的区域范围。采用全局水量平衡分析、分区水量水质诊断以及管道入流溯源反演等诊断方法对管网破损渗漏问题进行溯源分析，查明破损渗漏的成因，定位缺陷的具体位置；开展管网视频（CCTV）检测工作，采用机器学习算法对检测图像进行自动判读管道缺陷，从而更精准地锁定管网问题严重区域。

在确定排水管网需要进行改造的区域范围后，因地制宜制定管网修复改造方案，包括管网修复措施、方案及预算。对改造前后的排水管网水力状态进行动态模拟评估，对管道充满度、检查井液位等状态参数进行对比分析，科学评价改造方案的实施效果并及时改进设计方案；管网修复改造工程应开展持续监测和方案模拟，评估管网修复改造效果。

（3）决策执行

排水设施修复和运维应准确及时判断设施的状态和故障后果，从设计、运行、监测、检测、维护、修复的综合管理角度进行决策。排水设施巡查、养护、检测、维修等运维工作应符合现行行业标准《城镇排水管渠与泵站运行、维护及安全技术规程》CJJ 68—2016 及《城镇排水管道维护安全技术规程》CJJ 6—2009 等的规定。

5.3.5 污水处理厂异常进水应急处理决策

（1）决策目的

污水处理厂异常进水应急处理是指污水处理厂出现进水水质超标或进水水量超负荷时，由排水管网追溯查找出排入源头并及时进行管控，调整运行模式，提高污水处理厂应对污水收集系统突发事件的快速反应能力，保障污水处理厂稳定可靠运行和出水水质稳定达标。

（2）决策内容

决策内容应包括管网水质水量监测报警、污染溯源和污水处理厂运行应急处置。

管网水质水量监测报警。对进污水处理厂的各条排水管网的重点部位、危险源进行持续性监测。针对工业废水等偷排所导致的运行事件信息，还应结合重点排水户特征污染物，配备有毒有害废水的在线监测设施。应设置警级、警限，及时反馈管网超标排水等突发问题。警级和警限可根据《污水综合排放标准》GB 8978—1996 等制定，一般包括一级警报、二级警报等不同级别，对应不同的管控措施。

污染溯源。建立基于水量、水质特征因子分区监测的水量来源溯源定位方法，对异常来水追踪溯源；水质溯源通过对主要进水管网水纹进行提取，依托创新检测分析技术，建立排放目录，有效识别特征污染物来源，查找违法排污企业。

污水处理厂运行应急处置。可采用 WEST、STOAT、BioWin、GPS-X、SIMBA、EFOR、ASIM 等软件建立污水处理工艺模型，对可能发生变化的进水流量、水质等工艺指标进行污水处理厂模拟仿真分析。针对超标进水冲击负荷，应根据历史数据、气象站记录进行进水水量和水质预测，并结合污水处理工艺机理模型预测当前运行参数下的出水指标，主动响应水质水量变化，及时调整运行控制方案，或采取必要的人工干预，提高抗负荷冲击的能力；应采用污水处理工艺模型模拟不同进水冲击负荷下或运行工况下的出水水质及能耗状况，并检验各种运行方案的合理可行性，实现工艺运行优化。

（3）决策执行

应对违法排污企业进行整治，建立严格的监管机制，加大执法力度，严格惩处违法企业。针对超标排水制定应急预案或应对措施，根据预警可关闭上游企业排放阀门或应急调整污水处理厂工艺参数并及时取证上报相关监管部门，下游污水处理厂可根据相应的波动指标预警来应急调整污水处理厂工艺参数，或加大应急药剂（临时碳源、除磷剂、pH 调节剂、混凝剂、絮凝剂、活性炭等）投加和储备等应急措施，降低出水水质恶化的风险。

5.3.6 源-网-厂-河（湖）水环境运维决策

（1）决策目的

源-网-厂-河（湖）水环境运维决策通过对大量“源、网、闸、泵、厂、河（湖）”设施信息进行监测、模拟和预警，对海绵城市建设、污水处理厂优化运行、排水系统优化运维和联合调度、河湖水质预警及生态补水调度进行科学决策，保障污水处理厂安全运行，增强排水系统运行效能和联动机制，减少溢流污染，改善水环境质量，保障运营考核达标，全面提升水资源调度、水环境改善、水生态修复与水安全保障的应对能力。源-网-厂-河（湖）水环境运维决策主要包括河湖水环境质量管控、合流制溢流污染（CSO）控制、污水处理厂运行优化、海绵城市径流污染控制等方面。

（2）河湖水环境质量管控

1）决策内容

河湖水环境质量管控决策内容包括河湖水环境质量现状评价与趋势分析、水质模拟分析、水质目标可达性分析、水环境承载力超标预警、生态补水调度以及水环境治理成效评价。

对河湖水质进行全面监测和评估，包括污染源的排放情况、水质变化趋势、水生态系统健康状况等。在现状调查以及水质监测基础上建立水质风险评价指标体系，以水质类别、黑臭程度、富营养状态和水质风险为评价对象，分析水质现状和未来发展趋势。

采用 CE-QUAL-W2、MIKE、QUAL2E/2K、WASP、EFDC、Delft3D、DigitalWater River 等软件建立河湖水动力水质模型，定量评估污染排放对水环境水质的

影响，并进行河湖水质目标可达性分析。

根据《全国水环境容量核定技术指南》和《水域纳污能力计算规程》GB/T 25173—2010的要求，运用水环境容量计算模型，开展水环境承载力容量核算和水污染负荷计算研究，针对水环境质量改善的实际需求，进行污染总量控制超标预警。

依据《水功能区监督管理办法》，对流域水体应根据划分的水功能区要求制定水质目标。针对水质存在受污染或者达不到水功能区要求需要补水的情况，采用河湖水动力水质模型对不同补水条件下的方案进行模拟，对河湖水质进行预测分析，对补水方案进行应用与优化，形成最佳调度方案；应利用河湖水动力水质模型研究再生水污染物质在河湖水系中的浓度分布，为补水量和补水点管理提供支撑依据。

利用河湖水动力水质模型模拟不同水环境治理措施后污染物时空分布，评价河湖水环境综合治理成效。

2）决策执行

根据水环境目标管理和水环境规划的要求，结合流域现状水平年污染物入河（湖）量制定总量控制方案，通过厂网联动、河网联动、上下游联动、市政水务设施联动及智慧管控手段的应用，实现全流域“源-网-厂-河（湖）”水环境运维综合管控。

通过水系生态调水或再生水补水提高水体自净能力、保障水环境治理成效时，通过在线的调水（补水）方案制定与计算、分析及会商、跟踪及优化等功能来实施闸泵调控方案以及工程改善措施；应统筹当地水源、非常规水源和外调水源，提出生态用水水量、补水水源、线路和调度等措施规划方案，维持水体合理水位与流量，促进水体循环流动，提高生态系统自净功能。生态补水宜优先考虑中水回用等非常规水源。

应根据水环境目标管理和水环境规划的要求，制定水体纳污容量控制方案。从污水处理厂收集处理能力复核和提升、排水管网管理、初期雨水径流污染控制、初期雨水调蓄与处理等方面采取各项措施，减少排水系统污水点源和雨水径流面源污染物排放量、恢复和提升河湖水体功能；通过在河湖流域范围内实施海绵城市建设、污水处理提质增效、污水处理厂运行优化、合流制溢流污染控制、城市黑臭水体治理以及城市水环境综合治理等工程，完善厂站网一体化管理和调度，最大程度利用现有排水设施的输送、调蓄和处理能力，减少溢流污染。

（3）合流制溢流污染控制（CSO控制）

根据河湖水体水环境污染物排放总量控制要求，结合水环境质量考核要求，按“流域-区域-控制单元”分级制定排水系统污水点源和雨水径流面源污染物总量分配方案。将管网容量、气象预报数据和管网的实时信息结合，利用排水模型开展排水系统中污水处理厂、污水管网及污水提升泵站的联合调度，减少溢流污染、增强排水系统运行效能和联动机制、改善水环境质量、保障运营考核达标。

1）决策内容

采用 SWMM、MIKE Urban、InfoWorks ICM、XP-SWMM、Digital water、Water GEMS、鸿业 HYSWMM、DigitalWater Simulation 等软件建立在线城市排水管网水文-水力模型，对不同情景下排水管网的充满度及流速、排水系统的漫溢风险及溢流量等模拟分析对比，进行管网设计方案的优化和调整，提出设计实施方案，并利用模型开展持续跟踪模拟，为排水管网控源截污实施方案全周期管理提供支持；通过对主要截流井、闸门、泵站、调蓄池的运用情况、工程能力等进行分析，结合排水模型，构建基于仿真模型和机器学习算法相结合的排水系统优化调度模型，按初雨截流调蓄、超标雨水排放的调度原则制定联合调度策略，以实现排水系统各单元截流输送能力和污染物截流量的最大化。

2）决策执行

对易发生溢流的管道、节点，及时制定合理的管网改造方案；雨季调度根据雨情大小依次实施初雨截流调蓄、常规调度、应急调度和雨后调度。通过调蓄池调度来实现对初雨径流污染的截流调蓄；通过控制泵站水位和雨水闸、截污闸的开启度来实现溢流量和截流量的控制。

（4）污水处理厂运行优化

污水处理厂运行优化决策目标是采用污水处理工艺模型进行模拟和预测，实现单厂的最优运行，保障污水处理厂长期安全、稳定、高效运行，降低运行成本和环境风险。

1）决策内容

可采用 WEST、STOAT、BioWin、GPS-X、SIMBA、EFOR、ASIM 等软件建立污水处理工艺模型，结合污水处理厂实时进水状况，对未来数小时内的出水指标、工艺指标等进行短期提前预测，以便及时调整运行控制方案；模拟不同进水或运行工况下的出水水质及能耗状况，并检验各种运行方案的合理可行性，实现工艺优化；采用污水处理工艺模型对污水处理厂实际生产中的工艺问题进行诊断与分析，通过平台累积的生产运营经验和专家经验知识，实现污水处理厂运营过程中出现问题时原因的初步诊断并提出改进运行的建议，以匹配最优工艺运行条件；建立污水处理多目标优化模型，以运行成本、运行效果、环境效益等为目标函数，采用寻优算法对优化模型进行求解，得到污水处理厂最优运行方案。

2）决策执行

通过污水处理厂实时数据的感知与分析，实时控制重要设备的开启情况；通过污水处理厂进出水和各工艺过程的水质监测进行药剂投入和能耗的分析；结合厂区工况的监控，对运营稳定状况进行分析和决策，来优化污水处理厂工艺参数。

（5）海绵城市径流污染控制

1）决策内容

通过海绵城市建设典型项目监测得到年径流总量控制率和初雨污染控制率，采用SWMM、MIKE Urban、InfoWorks CS、鸿业 HYSWMM、DigitalWater Simulation 等软件建立雨洪模型，对海绵设施和项目进行降雨-径流-水质模拟，模拟海绵设施及项目对海绵城市径流量、径流峰值及水质的影响，计算评估海绵设施及项目、各汇水分区的海绵城市建设雨水径流污染控制效果。

2）决策执行

通过海绵城市考核评估，对规划设计、建设施工和运营维护各个环节提出管控要求，如增加海绵设施的容量或数量，加强运维管理等。

5.3.7 城镇排水（雨水）防涝应急决策

（1）决策目的

城市内涝是指由于强降水或连续性降水超过城市排水能力致使城市内产生积水灾害的现象。城镇内涝防治系统应包括源头减排、排水管渠和排涝除险（大排水系统）等工程性设施，以及应急管理等非工程性措施，并与防洪设施相衔接。通过对源头减排设施、市政排水管渠、末端蓄排以及行泄通道、泵站、闸阀、污水处理厂等排水设施进行监测、模拟、预测、预警，基于此进行排水防涝设施的科学调度，合理利用排水防涝设施的调蓄空间，减少城市内涝。

（2）海绵城市径流总量减排

1）决策内容

“海绵城市”的提出是从源头下垫面通过“渗、滞、蓄、净、用、排”小型分散的新型灰绿措施在局部地区对雨洪起到缓解作用。开展海绵城市自然本底-源头减排-过程控制-系统治理全过程的监测。可采用 SWMM、MIKE Urban、InfoWorks CS、鸿业 HYSWMM、DigitalWater Simulation 等软件建立雨洪模型，对海绵设施进行降雨-径流模拟，模拟海绵设施对径流量、径流峰值的影响，评估海绵城市项目和各汇水分区径流总量控制效果。开展海绵城市建设洪涝安全评估，评估识别各类海绵设施的潜在运行风险，及时发现溢流、内涝问题，并对这些风险及问题进行有效处置。

2）决策执行

通过评估不断优化和调整海绵城市建设的全生命周期管控，提高海绵设施和项目的雨水径流总量控制效果；加强对海绵设施实时监控，对设施故障、水位超标等异常情况进行预警，提升海绵调蓄设施自控水平，降雨时保证调蓄调度及时有效；制定相应的海绵城市运行维护管理制度和操作规程，并定期对设施进行日常巡查和专项巡查，保障设施正常、安全运行。

（3）城镇内涝防治及应急处置

1）决策内容

决策内容包括内涝模拟仿真、内涝风险评价、内涝监测预警、形成排涝调度方案。

内涝模拟仿真。采用 SWMM、MIKE Urban、InfoWorks ICM、XP-SWMM、Water GEMS、Digital Water Simulation、鸿业暴雨排水等软件建立在线城市排水管网水文-水力模型。模型应符合《城镇内涝防治系统数学模型构建和应用规程》T/CECS 647—2019 的要求。采用水文模块模拟雨水在城市下垫面的产、汇流过程，采用泰森多边形法自动划分子汇水区，采用水力模块依据现状运行工况对未来发生的暴雨进行响应，计算排水管渠在不同降雨和控制条件下的流量、水位、流速；采用 MIKE FLOOD 和 HEC-RAS 等软件建立内涝演进的河湖水动力模型模拟城市暴雨洪涝形成过程。城市水系分为河网和水域两部分，对河网采用节点-河道模型，对成片水域则划分为单元。计算包括水流方程求解、堰闸水流计算、泵站出流计算、漫滩处理、平原淹没水深计算等内容；再基于内涝风险分析模型，通过降雨预报、产汇流计算、下边界水位预报、闸泵调度模拟和内涝演进计算五个流程进行动态洪涝形成过程分析计算，也可对洪涝演进过程进行动态仿真模拟。

内涝风险评价。根据气象部门发布的气象预警信息及降雨量预测数据，采用排水管网水文-水力模型，模拟预测不同强度暴雨下城市可能会发生积水的位置、范围以及可能的原因，模拟城市排水的薄弱点甚至找到某些可能溢水的检查井；应通过河湖水动力模型，模拟和预测不同情景方案下河湖洪涝形成过程和典型断面的防汛特征值，预报可能存在的在洪涝风险，指出存在洪涝风险的地段；综合评估城市内涝灾害的危险性，结合城市区域重要性和敏感性，考虑致灾因子、暴露度、脆弱性等指标，构建暴雨内涝灾情预判指标体系，评价未来内涝灾情的严重程度，也可以对城市内涝风险等级进行划分，发布内涝预警预报信息。

内涝监测预警。将管网水位、河湖水位、雨量等实时监测数据集成共享，全面掌握排水设施（管网、闸站、污水处理厂、排水口等）运行情况。根据内涝积水点监测数据，参照《城镇内涝防治技术规范》GB 51222—2017 设置内涝积水深度阈值，实现积水超阈值预警预报。当河湖水位上涨超过设定报警值，发出报警信息。

形成排涝调度方案。进行雨水（合流）管道排水能力分布分析和排水泵闸抽排能力评估及操作规则优化分析，采用排水管网水文-水力模型对多种调度方案进行模拟预演，得到排水系统中的泵、阀门、堰等设备的优化调度策略；依据相关防汛条例和河道、闸、坝的工程资料和技术指标，制定汛期排涝调度原则，选取相应调度方案，采用河湖水动力模型模拟对多种河湖闸泵群调度方案进行模拟预演，对城市河湖闸泵群调度现状方案进行优化。

2）决策执行

在排涝预警的基础上，及时调度排涝力量开展排涝调度或应急抢险。

排涝调度结合内涝风险等级及排涝调度方案，实现排水系统中的泵、阀门、堰等设备，全流域泵站、闸门、调蓄湖泊、管网沟渠、河湖闸泵群等排涝设施的整体调动、自动响应。

应急抢险：排涝应急调度应包括事前制定应急预案、事中辅助应急抢险、事后总结上报等，实现排涝应急抢险事件的完整流程化处理。

排水管网内涝应急抢险：事前应根据预测积水点位置、积水深度、退水时间，事先制订人员疏散、临时泵车等应急抢险预案；事中应在汛期降雨时，根据积水预报结果，根据预警等级启动应急预案，进行会商决策形成应急方案，进行排涝力量的及时调度，应急措施包括加大污水处理厂处理量、打开截流排口和清理河道垃圾、易涝点巡视排查、开启调蓄池等。在积水点发生险情时，集成所有抢险信息，支持防汛应急指挥。管理部门根据情况指挥调度排水人力及物资资源，来安排防汛工作，解决城市内涝；事后应对模拟出的城市排水的薄弱点进行管网改造和升级。支持防汛物资的规划及其他一般性管理，如编制完善内涝预案，科学化开展调度工作，增强预案、调度的准确性，完善城市排水防涝应急抢险流程。

河湖内涝应急抢险：汛前应根据现有防汛、排涝除险工程情况和调度规则制定城市内河（湖）排涝调度预案；汛中应根据河湖闸泵群优化调度模型得到的闸群调度方案确定各个计算时段闸群的最优启闭组合及开度，进而对整个城市内河网水系的内涝形成过程进行优化分配。根据排涝调度预案和闸群调度方案下达排涝调度和指挥抢险指令，根据雨情、水情、工情和灾情的发展变化进行动态决策；汛后应进一步制定和完善预案计划和管理措施，如：暴雨洪涝预报、应急预案、安全撤离计划、相关的法令法规、洪涝灾害保险等。利用水动力模型分析各方案的合理性；利用水动力模型计算典型防汛调度后的情况来论证方案的可行性，得到各主要河湖闸泵汛期的调度、防御方案。采用模型评估各典型工程的防汛能力，针对安全隐患提出合理建议。

5.3.8 供水排水突发事故应急决策

（1）决策目的

城镇供排水系统是城市赖以生存和发展的基础条件。城镇供排水系统不可避免会发生各类突发事故，危害城镇供排水安全。为应对城镇供排水突发事故，对供排水系统进行监测、诊断、预警、调度、处置和控制，做到及时发现、智能诊断、迅速响应、合理调控、仿真辅助演示调控过程和结果，形成科学合理的应急决策体系和快速应急措施，从而快速、有序、高效以及妥善地处置突发事故，提高决策水平和应急处理能力，降低供排水突发事故带来的经济损失和社会影响，常见供排水突发事故见表5-2。

（2）决策内容

决策内容包括突发事故诊断、突发事故预警、应急响应以及应急指挥调度。诊断突发事故类型，供排水突发事故主要分为事故灾害和自然灾害两类；评估各种突发事故影响范围和程度，根据其等级及危害程度，并通过多种手段联合发布相关的预警信息；应急响应，根据突发事故的类型、等级和影响范围，启动相应的应急预案，包括疏散、救援、物资调配等方面的具体措施；现场处置，组织相关部门和人员进行紧急处置；指挥调度，成立应急指挥部，分工合作，综合运用在线监测预警、模拟分析、北斗定位技术、移动终端等信息化技术设计和构建应急指挥调度体系，提高应急响应速度，确保应急处置流程高效有序地进行；后评估，总结经验教训，完善应急预案和技术措施，提高突发事故应对能力。

（3）决策执行

1）建立应急预案库和资源库。建立应急预案体系。依据《中华人民共和国突发事件应对法》《中华人民共和国水法》《中华人民共和国水污染防治法》《中华人民共和国安全生产法》制定供排水突发事故应急预案，包括应急处置方案、应急演练计划等，明确应急组织机构、指挥体系、预警机制和应急资源等；建立应急资源库。包括应急物资、应急专家、应急救援队伍等资源，保障应急处置所需资源的及时调配。

供排水突发事故 **表 5-2**

突发事故种类	业务分类	业务对象	影响
事故灾害	供水	取水	取水口低水位或水质异常
		净水厂	停电、设备故障、电力系统故障、液氯或者氯气发生泄漏、氯气着火处理、臭氧发生系统故障或者泄露等
		管网	管网压力超过给定的上下限值、流量大小超过给定的上下限值、破损、停水、供水压力下降、维修和抢修未能按时完工、泵站和阀门故障、检查井盖出现缺失或损坏等
		供水加压泵站	停电、设备故障等
		二次供水	设施设备严重故障或损坏、供水设施污染等
	排水	管网	管道破裂、损坏导致地面塌陷、井盖丢失、损坏、管网堵塞或溢流、地下排水设施沼气积聚、密闭空间作业事故等
		污水处理厂	进水超标、出水超标、来水量超过处理能力、停电、设备故障、电力系统故障、污水处理厂沼气系统泄漏、检修或工艺参数改变等
		排水泵站	停电、设备故障、超出泵站排水能力等
		调蓄池	停电、设备故障、电力系统故障、溢流等
		河湖水体	排污口水质超标、蓝藻水华等
自然灾害	洪水、地震灾害、地质灾害、火灾、台风、干旱、冰凌等极端气候导致供水设施及构筑物无法运行等		

2）建立智能应急决策机制。建立专业监测体系，开展供排水突发事故的风险隐患排查和预判。对重点部位、危险源进行持续性监测，有针对性地提出防范工作要求。加强风险评估，做好风险隐患排查整改，有针对性地制定应急预案或应对措施。根据历年供排水突发事故情况汇总、年度气候趋势预测等，及时对隐患信息进行预测判断，必要时请相关专家组进行会商研判，对可能引发突发事故的原因、不利因素及发展趋势进行预先判断；建立分层、分级的科学预警机制。从预警类型、预警方法、预警限值以及预警等级等角度设置预警条件；建立供排水系统的调度体系，根据预警信息和供排水系统的实时运行状态，采取相应的调度措施，最大限度地减轻供排水系统的负荷和压力；建立仿真辅助演示调控体系，通过模拟城镇供排水系统的运行过程和突发事故的发生，模拟应急响应和处置流程，评估各种应急决策方案的可行性和

效果。

3）应急处置流程。包括：分级响应、应急指挥调度、应急处置措施、应急善后处置工作。分级响应按照供排水突发事故发生的紧急程度、发展态势和可能造成的危害程度，结合城镇供排水实际情况，建立分级管理、分级响应的突发事故应急处置模式，确定较大以上供排水突发事故的等级与响应。应按响应等级启动应急响应程序，按预案规定程序组织和指挥应急救援队伍和资源进行先期处置。应急指挥调度应根据应急处置工作需要，组建现场指挥部，视情况成立若干工作组，并建立现场指挥部相关运行工作制度，分工协作有序开展现场处置和救援工作。应急处理时应依据预案库、知识库调度的指令执行，实现应急资源及时调配和应急预案自动匹配，并实现对方案的跟踪管理，包括掌握应急物资的储备情况、分布情况、救援队伍的通信情况、移动车辆的活动轨迹情况，提前做好应急部署准备，实现快速响应和及时处理。在应急事故基本结束时，需要进行应急事故善后处置工作，包括解除报警和应急预案、应急物资整理、应急车辆人员维护、处理结果公布等。

4）演练和评估。定期组织应急演练，模拟各种突发事故的发生，并对应急预案和应急处置流程进行评估和修订，不断提高应急响应能力和水平。

6　信息安全与运营维护

6.1　信　息　安　全

《信息安全技术　信息系统安全等级保护基本要求》GB/T 22239—2008（现已作废）在我国推行信息安全等级保护制度的过程中起到了非常重要的作用。2017 年《中华人民共和国网络安全法》实施，为了配合国家落实网络安全等级保护制度，2019 年《信息安全技术　网络安全等级保护基本要求》GB/T 22239—2019 颁布实施。为进一步健全关键信息基础设施安全保护制度体系，我国于 2021 年 9 月 1 日起实施《关键信息基础设施安全保护条例》。关键信息基础设施是经济社会运行的神经中枢，是网络安全的重中之重，水务相关系统作为关键信息基础设施重点行业领域之一，一旦遭到破坏、丧失功能或者数据泄露，可能严重危害国家安全、国计民生和公共利益，需要在网络安全等级保护制度的基础上，实行重点保护。

6.1.1　安全体系框架

通过对国家信息法律法规、政策文件及标准规范的研究，依据国家相关政策文件，制定智慧水务安全总体规划，制定详细的策略规程和制度，对智慧水务安全规划、建设和运营的安全活动进行约束、规范、监督和责任界定，对智慧水务安全建设、实施、评估和运营进行有针对性地指导。

智慧水务安全体系框架是实现智慧水务安全目标的安全参考模型，包含政策法规及标准、安全管理、业务场景、安全防护、安全运营和安全基础支撑六个要素，并从技术、管理与场景三个维度指导智慧水务网络安全体系建设，如图 6-1 所示。

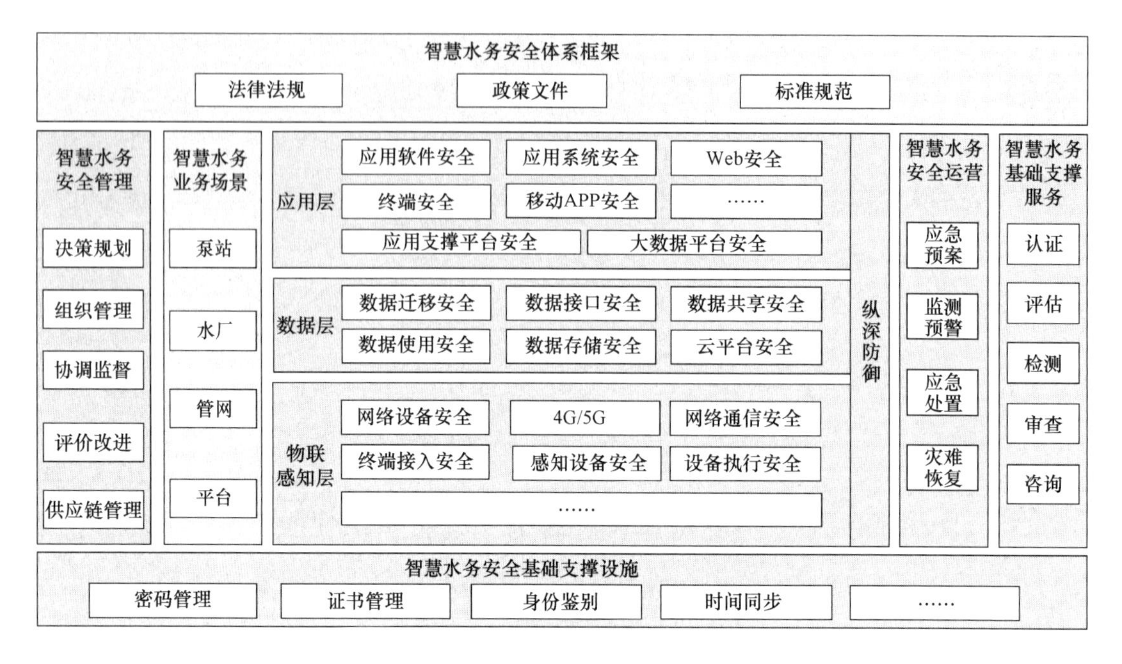

图 6-1　信息安全架构

6.1.2　技术要求

针对智慧水务的各个场景，需要从物联感知层、数据层和应用层分别梳理典型安全风险；配合制度规范要求，提出相应的技术要求。

智慧水务安全技术防护以建立水务纵深防御体系为目标，从物联感知层、数据层和应用层三个层次采用多种安全防御手段实现纵深防御能力，以应对智慧水务安全技术风险，具体包括以下几点：

（1）纵深防御，分三层从应用软件安全和应用系统安全进行安全保障。应用软件安全包括组件依赖分析、组件风险分析、API 接口风险分析、三方服务风险分析、数据安全风险分析、逻辑漏洞检测分析；应用系统安全包括业务仿真设计、内外网全局诱捕、攻击溯源、攻击阻断。

（2）安全运营，智慧水务安全运营保障主要包含应急预案与演练、监测预警、应急处置和灾难恢复。指对智慧水务关键信息基础设施中系统、网络、水务信息资产、应用平台以及业务运行状态的监测与维护。

（3）基础支撑设施，提供实现密码管理、证书管理、身份鉴别、监测预警与通报、容灾备份、时间同步等技术的基础设施，为智慧水务安全管理、技术、建设和运营提供基础支撑设施。

（4）基础支撑服务，由安全技术支撑和安全服务支撑组成，安全技术支撑主要包括密钥管理、身份管理、信息安全监测通报和响应等；安全服务支撑主要包括网络安全等级保护和风险评估服务。

（5）主动防御能力建设，以应对攻击行为的监测发现为基础，主动采取收敛暴露面、捕获、溯源、干扰和阻断等措施，开展攻防演习和威胁情报工作，提升对网络威胁与攻击行为的识别、分析和主动防御能力。

6.1.3　能力建设

1. 泵站信息安全

泵站是水务相关设施的主体，随着智慧水务建设的逐步深入，泵站将逐步采用无人值守方式运行，泵站场所安全和工业控制设备安全是两个主要风险来源。

（1）泵站场所安全风险分析

泵站场所主要保障工业控制设备的安全稳定运行，主要风险来源为泵站周边物理环境安全、电力供应、防火防盗等方面。

（2）工业控制相关设备安全风险分析

泵站内主要工业控制设备以物联网终端为主，对水质、流量等进行多方位数据采集，并通过有线或5G网络传送至水厂；主要安全风险来源为物联网终端自身安全、通讯协议安全风险等。

1）物联网终端硬件风险分析

包括硬件设计缺陷、硬件接口未做保护等，比如设备没有防拆功能，攻击者可以拆开设备，并利用工具读取敏感信息；如果硬件没有电磁信号屏蔽机制，攻击者则可能通过侧信道攻击获取密钥。因此硬件安全缺陷会给物联网终端设备带来极大的安全隐患。

通常为了便于终端维护，设备生产厂商会预留相应的硬件或者软件调试接口，以便于运维过程中的本地调试或者远程调试。

2）物联网终端软件风险分析

具体包括软件漏洞、缺乏安全有效的更新机制、薄弱的身份认证和授权机制。物联网设备通常采用通用、开源的操作系统或者直接调用并未做任何安全检测的第三方组件。物联网终端身份认证和授权不足，大量智能终端还在使用弱密码，或者使用缺省登录账号和密码，一些设备没有设置缺省密码，登录不需要任何认证，黑客很容易获取这类设备的控制权。

3）物联网终端数据安全风险分析

数据风险主要由物联网终端保存或传输的数据被攻击所导致的，具体包括不安全的通信机制、缺少本地敏感数据保护机制等。目前很多的物联网智能终端在通信过程中，只采用了简单加密方式，甚至直接明文传输，导致数据窃取、篡改、伪造事件的发生。

（3）安全技术要求

1）硬件安全技术要求

包括选用合适的安全等级的芯片、应避免针对硬件的直接攻击、外壳设计应防范非法拆卸等。关闭不必要的调试接口，对于需要开放的接口（如：USB、串口等），需要做好授权管理。

2）软件安全技术要求

按照策略进行软件补丁更新和升级，且保证所更新的数据是来源合法的和完整的。软件补丁更新和升级前应经过安全测试验证。终端操作系统需具备数据隔离功能，划设出安全隔离区，应用数据和操作系统之间进行严格隔离；终端操作系统应具备漏洞扫描、加速、修复、远程升级等功能。应禁用终端闲置的外部设备接口。应禁用终端的外接存储设备自启动功能。

3）数据安全技术要求

终端应对传输身份鉴别信息、隐私数据和重要业务数据等敏感信息进行加密保护。在通信层面，具备无线和有线网络通信芯片的终端应满足 3GPP、ITU、IETF、IEEE、IEC、CCSA 等标准组织所规定的网络通信传输安全标准和加密能力。

2. 水厂信息安全

水厂主要以工业控制协议及工业控制设备风险，包括工业协议漏洞风险、网络边界安全风险、终端安全风险。

（1）净水厂/污水处理厂安全风险分析

1）工控协议漏洞风险

目前工控系统中所使用的工业协议更多的是考虑协议传输的实时性等符合工业需求，但是在安全性方面考虑不足，存在着泄露信息或指令被篡改等风险。各大工控厂商的现场控制设备（PLC）、工控网络设备以及工控组态软件等存在着大量漏洞；出于成本的考虑，工业控制系统的组态软件一般与其工控系统是同家公司的产品，在测试节点问题容易隐藏，且组态软件的不成熟也会为系统带来威胁。

2）网络边界安全风险

供水调度工业控制系统采用大量的IT技术，互联性逐步加强，传统网络安全威胁已经蔓延至工控网络内部，同时工业控制系统普遍缺乏网络准入和控制机制，上位机与下位机通信缺乏身份鉴别和认证机制，只要能够从协议层面跟下位机建立连接，就可以对下位机进行修改，普遍缺乏限制系统最高权限的限制，高权限账号往往掌握着数据库和业务系统的命脉，任何一个操作都可能导致数据的修改和泄露。缺乏事后追查的有效工具，也让责任划分和威胁追踪变得更加困难。

3）终端安全风险

操作终端大多数是Windows系统，并且大部分没有安装防病毒软件，存在弱口令、投产后无补丁更新、无软件白名单管理等问题，由于操作终端直接可以监控生产线PLC等控制设备，一旦发生安全问题，会直接对生产系统造成影响。

（2）安全技术要求

1）全面风险评估

采用基线核查、漏洞扫描以及渗透测试等手段对整个工控系统进行全面风险评估。主要内容包括：工控设备安全性评估、工控软件安全性评估、各类操作站安全性评估以及工控网络安全性评估。通过内容评估，发现工控系统中底层控制设备PLC、操作站、工程师站以及组态软件所存在的漏洞，根据漏洞情况对其被利用的可能性和严重性进行深入分析；对各操作站、工程师站等终端设备以及工业交换机等网络设备的安全配置情况进行核查，寻找在配置方面可能存在的风险；在工控网络层面，从网络结构、网络协议、各控制中心网络流量、网络规范性等多个方面进行深入分析，寻找网络层面可能存在的风险。

2）管理网和生产网隔离

在各分中心工业控制系统生产网和管理网应该进行隔离，对两网间数据交换进行安全防护，确保生产网不会因为管理网暴露而面临风险。

3）监测与防护

在办公网和生产网隔离中已经对生产执行层和各个中心生产网络进行了逻辑隔离，确保管理网风险不会引入各分中心生产网。

在操作员站、工程师站等各类操作站部署主要安全防护软件对主机的进程、软件、流量、U盘的使用等进行监控，防范主机非法访问网络。

部署工控安全监测审计系统，监测工控网络的相关业务异常和入侵行为，通过工控网络中的流量关系图形化展示梳理发现网络中的故障，出现异常及时报警。

3. 管网信息安全

智慧水务管网由各类管网监测智能终端和管网信息化管理系统两部分组成、智能终端包含对水的压力、流量、水质监测检测功能，同时利用管网信息化管理系统对智能终端采集数据进行统一汇总，分析、呈现、预警等，是水循环全过程的重要链路保障。管网系统涉及智能终端工作状态监控物联感知层、终端数据采集上传网络通信层、数据层、应用层多方面安全风险。安全风险分析和技术要求参考泵站场景，管网系统风险分析和技术要求参考智慧水务平台。

4. 平台信息安全

智慧水务的信息化建设对业务应用和数据进行了集中，业务中台和数据成为智慧水务的应用和数据的核心。智慧水务平台可由承载业务应用的云平台提供安全保障能力。

（1）智慧水务平台安全风险分析

云平台基础设施风险：包括云平台所处机房物理环境安全风险、云平台服务器硬件安全风险和人员安全操作风险。

云平台虚拟机安全风险：包括虚拟机与外部系统之间的通信纵向通信安全风险，虚拟机之间的通信横向通信安全风险。

数据存储及迁移面临的风险：包括数据存储过程中数据泄露风险，数据迁移风险。

云平台系统漏洞安全风险：在云计算平台的搭建及运行过程中也存在安全漏洞，这些漏洞以不同形式存在云计算的各个层次和各个环节之中，一旦被恶意攻击者利用，就会对云计算数据中心的安全造成损害，从而影响云服务的正常提供。

（2）智慧水务平台信息安全技术要求

智慧水务云平台通过物理防火墙和安全组实现不同云服务客户虚拟网络之间的隔离，基于云安全组件提供通信传输、边界防护、入侵防范等安全机制的能力；支持租户自主设置安全策略的能力，包括定义访问路径、选择安全组件、配置安全策略，提供开放接口或开放性安全服务。

基于硬件防火墙与Web应用防火墙检测到网络攻击行为，能记录攻击类型、攻击时间、攻击流量等，检测到对虚拟网络节点的网络攻击行为，并能记录攻击类型、攻击时间、攻击流量等；基于主机安全系统提供的功能，能检测到虚拟机与宿主机、虚拟机与虚拟机之间的异常流量；还能在检测到网络攻击行为、异常流量情况时进行告警。

安全审计方面，运维人员统一通过平台侧堡垒机进行登录，在远程管理时执行的特权命令进行审计，审计内容包括虚拟机删除、虚拟机重启。

远程管理云计算平台中设备时，支持管理终端和云计算平台之间应建立双向身份验证机制，当虚拟机迁移时，访问控制策略随其迁移，租户可通过安全组设置不同虚拟机之间的访问控制策略。

检测虚拟机之间的资源隔离失效并进行告警，检测非授权新建虚拟机或者重新启用虚拟机并进行告警，检测恶意代码感染及在虚拟机间蔓延的情况并进行告警。

在镜像和快照保护方面，针对重要业务系统提供加固的操作系统镜像或操作系统安全加固服务，提供虚拟机镜像、快照完整性校验功能，防止虚拟机镜像被恶意篡改。

6.2 运营维护

智慧水务运营维护是指在项目运营期内，对支持智慧水务功能或智慧化生产、管理能力实现的设备及其系统进行定期、不定期的统计、检查、维护、保养、维修、升级、更新，以提高设备/系统运行稳定性和运行效率、延长使用寿命，保障项目良好运行。

6.2.1 基本规定

（1）智慧水务项目建成交付后，应编制运维规程，规范运维工作及管理流程，科学合理地开展相关运维工作，确保智慧水务项目正常、稳定、长效运行。

（2）智慧水务运营维护重点考虑运维对象和运维模式两方面内容。

6.2.2 运维对象

智慧水务运营维护首要确定运维对象，确定运维的职责、具体内容、技术要求、工作流程等内容。智慧水务运维对象包括 ICT 基础设施运维、自控基础设施运维、数据运维、系统运维、安全运维五方面。

1. ICT 基础设施运维

智慧水务 ICT 基础设施方面的运维对象包括机房、物联感知基础设施、网络通信基础设施和计算存储基础设施等。

（1）机房

机房运维方面的相关建议如下：

1）宜通过提供监控室和监控终端，对资源的运行状况进行 7×24h 监测、记录和趋势分析。其中，机房监控的内容包括但不限于：空调温湿度、漏水告警、电流电压、UPS 负载、消防气体钢瓶压力等。

2）宜配置 7×24h 值班人员，负责数据中心基础设施的日常巡检并检查、记录基础设施运行情况，及时处理发现的问题。

3）宜实现资源的统一管理和优化，可采用的措施包括：机柜空间释放、机房的温湿度调整、机房高低压配电调整机房 UPS 设备负载调整、消防气体钢瓶增压等。

4）宜制定机房环境安全、线缆通信安全、设备安全等运行安全管理制度。

5）宜实现机房运行的监控管理，包括机房整体集中展现、机柜运行状态展现、应急集中关机等。

6）宜保障机房相关配套基础设施的日常运行管理、维护和巡检，配套基础设施包括供配电系统、机房空调系统、新风系统、消防系统、漏水检测系统、监控系统、门禁系统等。

7）宜安排专人负责机房、现场支持值班室及其周边环境的清洁卫生。

8）宜安排定期的安全演练活动。

（2）物联感知基础设施

智慧水务运维阶段宜保证前端物联感知基础设施的安全，为智慧水务信息技术运维提供准确、安全、完整的基础数据支撑。

物联感知基础设施运维方面的建议如下：

1）应保证前端物联感知设备工作环境的安全稳定性，工业控制领域的物联感知设备方面应遵循工控信息安全相关标准的安全要求。

2）建立统一的标识管理和身份认证机制，保证物联感知设备合法、有序接入。

3）建立传输、配电、加热/通风等物联感知基础设施配套支撑设备的安全管理机制。

4）建立物联感知设备软硬双层安全防护。

5）对于敏感物联感知设备，应防止未授权访问、窃取、损坏和干扰，确保采集数据和执行指令的真实性、准确性和可用性。

6）严格管理敏感物联感知设备访问控制权限，保证敏感数据不被泄露，物联感知设备被访问应授权并被记录。

7）应保证物联感知设备接入控制安全、访问控制、资源控制、配置更新、数据安全、恶意入侵和代码防范、管理运维安全。

（3）网络通信基础设施

网络通信基础设施运维的相关建议如下：

1）计算与存储基础设施公共网络运维应满足运营商相关运维管理要求。

2）专用网络运维模式应包括但不限于：分散运营、集中运营。

3）分散运营可由资产拥有者自身运营，也可采用服务外包方式运营。

4）集中运营应采用服务外包方式运营。

（4）计算与存储基础设施

计算与存储基础设施运维方面的相关建议如下：

1）智慧水务关键业务数据的处理与存储基础设施应位于我国境内。

2）硬件系统运营维护应支持包括基本安装、按服务条款维护以及按次计的故障维修。电话热线解决问题和收费的升级维护应包括在硬件维护服务范围内。

3）软件系统运营维护应支持包括故障排除服务、预防性维护服务、软件管理服务等。

4）采用高安全性的数据备份保护机制。

5）制定计算与存储基础设施的数据访问策略，规定数据可被存放的地理区域及相关安全要求，明确数据可被访问的人员角色和操作权限。

6）提供计算与存储基础设施资产管理，覆盖采购、入库、库存、分派、部署、监控、更新、保修、维保，直至报废处置的整个周期，管理和控制资产的开销与服务。

2. 自控基础设施运维

自控系统的运维对象包含上位机软硬件、PLC、自控网络及网络设备、自动化仪表等设备。

（1）日常检查

自控设备管理部门应加强对系统的日常检查，根据系统的配置情况，制定巡检标准，并设计相应的巡检计划。

自控系统的检查应包括以下主要内容：检查设备有无异常噪声和异味；机柜间、操作间的温度、湿度；检查控制机柜设备散热状况是否良好，风扇工作是否正常；UPS供电是否正常；是否对工程的组态进行过修改；检查系统接地是否良好；向中控操员了解系统有无异常；检查网络通信状况是否良好；自控设备的指示灯、显示屏显示情况是否正常，有无报警信号。

上位机系统检查应包括以下主要内容：主机设备的运行状态；外围设备（包括打印机等）的投用情况和完好状况；各机柜的风扇（包括内部风扇）运转状况；机房、操作室的温度、湿度。

（2）保养维护

自控设备管理部门应根据设备保养手册的规定，制定维护方案和维护计划，并做好自控（PLC）系统维护和保养记录。

系统维护应包括如下主要内容：确认冗余系统的功能和切换动作是否准确可靠；清扫过滤网；清扫CRT；检查风扇及风扇的保护网；定期清扫打印机；清扫机房内设备的表面灰尘；系统中的电池按期更换；定期对运动机件加润滑油；检查供电及接地系统，确保符合要求。系统维护中发现的问题，应及时填写问题缺陷记录，并立刻上报、组织人员处理解决。

设备管理部门应有专人负责自控仪表设备保养，制定保养方案和保养计划，并记录保养过程，包括并限于保养内容、保养时间、实施人员等。应建立系统硬件设备档案，内容应明细到主要插件板，并做好历次设备、模块、板卡变更记录。系统硬件的各种资料要妥善保管，原版资料包括纸质授权证书、光盘、U盘等介质要归档保存。在线运行设备检修时，要严格执行审批手续，按照规定，做好备份以及恢复、异常防范措施。

（3）软件运维

系统软件和应用软件必须有备份，并妥善保管在档案柜内；控制系统的管理员密码、安装密钥要由专人保管；软件备份要注明软件名称、修改日期、修改人，并将有关修改设计资料存档。系统软件无特殊情况严禁修改；确实需要修改时，要严格执行审批手续，批准后实施。应用软件在正常生产期间不宜修改。按工艺要求确实需要重新组态时，要有明确的修改方案，并由工艺生产部门、设备管理部门负责人共同签字后方可实施，实施前做好安全防范措施。软件各种文本修改后，必须对其他有关资料和备份盘做相应的修改，并注明版本号、日期、修改内容，修改人。由通用计算机、工业控制机组成的控制、数据采集等系统，应执行专机专用，严禁运行与系统无关的软件，严禁操作人员插拔光盘、U盘及加密锁，以防病毒对系统的侵袭。对系统进行重大升级改动时，要按软件开发程序进行，即建立目标、制定方案、组态调试、模拟试验、组态鉴定等过程。通过技术鉴定的软件，要做好文件登记并复制备份，妥善保存。

（4）故障处理和检修

应明确日常维护检修工作的内容、范围并建立岗位责任制。

应加强控制系统故障管理，制定控制系统故障应急预案，不断提高处理突发故障的能力。系统运行时如发现异常或故障，维护人员应及时进行处理，并对故障现象、原因、处理方法及结果做好记录。

系统大检修工作应视生产计划安排情况择机进行，以不影响生产为原则，根据过程控制系统配置制定出相应的大检修规程。

大检修视生产计划安排情况择期进行，以不影响生产为目标。大检修时要对系统进行全面、彻底的清洁工作；大修期间还要对系统外围设备进行检查和测试。包括以下主要内容：各类接地系统，电缆连接情况检查，不同接地极之间的绝缘状况检查；接地电阻阻值检查；清除设备内部，尤其是模块、插板上的灰尘；全部风扇的清扫；供电系统检查，包括各种电源电压测试及调整；冗余系统切换动作检查，模拟量I/O、数字量I/O检查；软件诊断。

系统大检修应达到的标准：停机检修后的全部硬件设备的功能及技术性能达到相应的技术要求，并通过诊断程序检查、诊断结果良好。检修或重新组态后，对系统基本功能进行调试，使其符合相应技术要求和设计指标，系统软件、应用软件功能运行正常，达到设计指标，人机界面工作正常。备用、冗余设备及部件达到良好、备用状态。检修记录完整、准确。

3. 数据运维

智慧水务数据运维包括资源梳理、数据交换和数据应用三个阶段。

资源梳理包括数据目录梳理、数据脱敏脱密、目录活化、资源图谱、资源画像等内容。

数据交换包括数据共享和数据开放。数据共享应提供信息资源点到点、点到中心、中心到中心的各种业务场景下的数据交换、数据共享服务。数据开放是指数据对社会的开放，应包括无条件开放和契约式开放两种形式。在涉及个人及企业的隐私与保密信息时，宜通过授权、鉴权的方式形成开放契约，确保数据是经过数据所有方和提供方的授权，保障数据的合规、安全使用。

智慧水务的数据应用可以为运维提供指导意见。对运维中出现的故障问题进行分析，便于指导备品备件的采购。分析软硬件故障发生的原因，可对建设过程中存在的问题予以指导，辅助改善建设方法。以运维工单工时为基础，统计并进行考核，便于找出易故障点，有效改善运维工作方向。统计流程效率和作业效率，分析标准化作业的量化指标，辅助改进运维工作制度和标准。

4. 信息系统运维

信息系统的运营管理包括日常运行、事件管理、故障告警、日志管理、计量管理等方面。

信息系统运营方面的相关建议如下：

1）提供监控室或监控终端，对资源的运行状况进行监测、记录和趋势分析。

2）配置监控工具，通过声音、短信、电话和邮件等告警方式进行报警提醒。

3）建立运行服务资源监测制度，规范服务监测的人员操作和监测指标等。

4）对监控记录数据进行保存，保存期至少半年。

5）建立运行事件管理机制，管理内容包括但不限于：建立事件响应组织、制定事件响应制度、制定事件响应预案等。

6）制定演练计划，确保事件预案的有效性，演练内容包括但不限于演练准备、实施演练、演练总结分析、事件预案优化等。

7）在监控指标超出阀值范围提出告警。

8）支持按多种条件对告警信息进行查询。

9）提供告警分级分域上报，各级域用户应见本级域内告警信息。

10）提供统一的日志采集功能，为运维监控、安全监管等提供统一日志采集服务。

11）支持业务数据统计、服务流程统计、性能监测统计、配处数据统计。

12）支持日志的分类、日志导入导出、日志转存。

13）支持按照多种模式对用户对于资源的使用情况进行计量。

14）应确保用户个人敏感信息的安全，确保信息的可追溯性、可靠性与安全性，特殊行业的系统应遵循该行业的相关标准。

15）宜建立跨部门协调机制和组织，支持跨部门的信息整合、综合展现、业务协同。建议各业务系统信息模型和元数据进行统一管理，支持多应用系统的数据整合，为智慧水务运营管理系统的信息综合展现和业务协同提供支撑。

5. 安全运维

智慧水务安全运维特指智慧水务相关基础设施、数据、信息系统的网络安全运维，其内容包括监测预警、应急处置以及灾难恢复。

（1）安全运营职责

智慧水务安全运营职责一般包括：

1）负责智慧水务网络安全运行与维护管理。

2）监测智慧水务网络安全风险，分析安全态势。

3）发现智慧水务网络安全事件和脆弱性，防范、阻断网络攻击。

4）共享智慧水务网络安全威胁信息，及时通报智慧水务网络安全事件。

5）制定、评估并修订智慧水务网络安全事件应急预案。

6）定期开展智慧水务网络安全应急演练活动。

7）应急处置智慧水务网络安全风险与网络安全事件。

8）及时向上级管理部门上报网络安全威胁信息与网络安全事件。

9）保证灾后信息系统快速恢复正常运转状态。

10）有效控制智慧水务网络安全事件造成的负面影响。

（2）安全运营内容

安全运营的内容包括监测预警、应急处置和灾难恢复。

智慧水务网络安全运营者宜依据网络安全标准，建立智慧水务网络安全监测预警体系，监测智慧水务信息系统运行状态，发现智慧水务信息系统的脆弱性和安全风险，收集分析智慧水务网络安全事件信息，对安全风险及时上报和通报，按需发布智慧水务网络安全监测预警信息。

1）监测预警

监测预警方面的相关建议如下：

① 按照《国家网络安全事件应急预案》规定的第 3 章进行预警分级、监测、预警研判及预警响应发布与解除；

② 根据《信息安全技术　网络安全等级保护基本要求》GB/T 22239—2019 的第 8 章，采用安全保护能力中第三级或以上安全要求，对智慧水务中的基础信息网络、

信息系统、云计算平台、大数据平台、物联网系统、工业控制系统等的运行状态、脆弱性以及恶意攻击风险进行监测、监控；

③ 建立智慧水务网络安全威胁信息交换系统，制定威胁信息共享机制，监测、监控数据行为风险；

④ 监控智慧水务信息系统的整体运行状态，对关键信息基础设施系统的网络和系统、设备、环境、资产以及介质等进行安全控制和权限管理，对日志、监测数据和报警数据，及时发现网络安全风险，感知网络安全态势，保证智慧水务信息系统日常的安全运行和业务连续性；

⑤ 建立有效的安全漏洞和恶意代码识别机制，采取必要措施修补和防范；

⑥ 建立智慧水务网络安全事件上报与通报机制，建立通报预警系统。

智慧水务网络安全运营者应按照法律法规、政策文件和网络安全标准的要求，制定智慧水务网络安全事件应急预案，对不同级别的事件，明确启动条件、处理流程、恢复流程。应部署安全保护措施，预防智慧水务网络安全事件的发生。在发生网络安全事件时，及时采取应急处置措施，向主管部门上报智慧水务重大网络安全事件。

2）应急处置

应急处置方面的相关建议如下：

① 应按照《国家网络安全事件应急预案》的规定制定智慧水务网络安全事件应急预案；

② 制定智慧水务网络安全事件应急处置机制，提高应对网络安全事件的能力，降低网络安全事件的风险和影响；

③ 按照《国家网络安全事件应急预案》第 1.4 节及《信息安全技术　标准规范信息安全分类分级指南》GB/Z 20986—2007 第 5 章的要求，对网络安全事件进行分级；

④ 根据网络安全事件的不同的分类分级，制定应急处理流程、系统恢复流程等；

⑤ 定期开展智慧水务应急演练活动，验证可操作性，并向上级主管部门上报演练情况；

⑥ 定期对应急预案的有效性进行评估，定期对应急预案和处置流程优化完善；

⑦ 根据报告和通报机制，对智慧水务网络安全事件及安全弱点及时上报、调查和评估；

⑧ 定期开展智慧水务网络安全相关教育、培训，提供人员、资源和相关保障；

⑨ 当网络安全事件发生时，应及时进行处置，必要时启动跨部门、跨行业、跨系统的应急处置预案；

⑩ 建立智慧水务网络安全事件应急指挥体系统筹协调各部门，制定有效的跨部门联动应急处置机制，保障应对网络安全事件时的响应、处理和恢复有序进行，定期进行应急演练以提高各部门协同配合能力；

⑪ 根据《信息安全技术　网络安全等级保护基本要求》GB/T 22239—2019，满足应急预案管理和网络安全事件处置相关的等级保护要求。

在智慧水务网络安全事件发生后，智慧水务网络安全运营者应根据网络安全事件的影响程度和业务的优先级，采取适当的恢复措施，确保智慧水务信息系统业务流程按照规划目标恢复。

3）灾难恢复

灾难恢复方面的相关建议如下：

① 根据智慧水务业务的重要性，对业务信息、重要系统和数据资源进行容灾备份；

② 按照《信息安全技术　信息系统灾难恢复规范》GB/T 20988—2007 第 7 章和《信息安全技术　灾难恢复中心建设与运维管理规范》GB/T 30285—2013 第 8 章的要求，制定智慧水务网络安全灾难恢复策略和流程，建立智慧水务网络安全事件处理及恢复中心制定容灾机制，实现快速协同处理，降低或控制信息安全事件的影响，及时恢复智慧水务信息系统正常的运转状态；

③ 满足备份与恢复管理相关的等级保护要求。

6.2.3　运维模式

宜通过对水务的运维主体、技术能力、产业链、项目资金来源、经济承受能力、使用需求、回报机制、风险管理等多个维度进行定性定量分析，确定智慧水务运维模式，明确不同角色的职责分工及运营方式。

各企业宜建立个性化的智慧水务运维模式。

1. 组织资源

组织资源应包括规划管理机构、执行机构和运维机构，科学设计运维模式，提供各类管理制度、管理办法、管理规范、培训计划等，保证智慧水务运行与维护的管理到位、人力资源到位、制度到位、设备到位，提高智慧水务运维、管理水平。应完善运维组织架构，配齐专业人员，采用“多方协作、集中管理、逐级负责”的模式，推动运维工作合理开展。

智慧水务运维应至少具备四种能力：响应能力、云端维护能力、现场维护能力和综合管理能力。

响应能力包括第一时间响应用户需求，形成工单，直接处置或向后端转递，要负责对问题进行记录、处理以及反馈和回访。

云端维护能力包括负责各类运营管理信息化系统、物联网系统、数据系统的日常维护、功能的开发迭代、日常的功能变更以及数据的应用管理等，要负责云端作业计划的制定，负责向应用开发团队提供功能变更需求。

现场维护能力包括负责设备设施、软件系统的整体管理和采购标准制定，自控系统的整体管理，负责设备和系统的远程维护，现场作业计划的制定，现场作业的工单管理和评价，备品备件的统一规划和统一采购管理。

综合管理能力包括负责日常工作的检查和飞行检查，制定维护体系的规章制度和相关作业流程标准，考核，日常作业的指导和培训，重点设备的保险和服务采购，配合智慧水务资产转固。

为保障智慧水务稳定可靠长效运行，应设置智慧水务运维服务部门，包括运维管理、技术支持、培训（依实际情况而定）、服务中心，具体要求如下：

运维管理：主要对各地的智慧水务设备设施巡检养护人员进行统一管理，包括技术及安全方面的管理，建立日常巡检养护建立本地化队伍，对监测设备及其他设施进行巡检养护。运维管理组下辖的巡检养护队伍，以本地化为主，提供及时属地服务。

技术支持：对运维活动提供技术支持，包括但不限于：监测设备运维技术支持、大屏设备运维技术支持、数据资源运维技术支持、软件运维技术支持、信息安全运维技术支持。方式可以是本地＋远程技术支持。

培训：使培训人员熟悉智慧水务相应系统和设施的操作、常规的维护管理等，保证系统和设施能够正常运转。经过培训，相关人员能够独立使用、日常处理和维护简单的问题，保证系统正常、安全运行。

服务中心：安排值班员提供运维服务，专门接收和响应用户和业主的故障维修需求、培训需求以及其他相关需求，第一时间向运维组和培训组反馈需求。

2. 管理制度

应建立日常运维管理制度，对智慧水务系统及设施的运行管理、保养维护、故障处理等做出严格规定，制订明确的岗位责任，按实际需要定岗、定人、定责。实行考核机制，确保岗位责任制的落实。

应建立完善的作业指导体系和培训体系，包括技术响应手册、软件现场作业指导、硬件现场作业指导以及巡检作业标准、培训制度手册等。

应建立事故处置机制、应急机制，以应对未来可能存在的事故问题和智慧水务的异常，包括系统事故处理手册、硬件事故处理手册、数据安全防范手册等。

应加强人员安全管理规范，提升人员的安全保密意识，严格规范相关岗位人员的应聘、在岗、离职工作流程。明确采取的安全技术、安全策略等措施，定期进行安全检查。对无人值守的单元采取相关安全防护措施。

应建立技术培训制度，明确对不同层次的运行管理和操作人员进行专业理论和实际操作技能的培训内容，逐步提高技术人员业务知识水平和处理故障的能力，为智慧水务正常运行提供技术保障。

应建立文档管理制度，按照文档管理规定和文档整编规范，建立运行维护月报、年报制度，定期发布运维简报。

3. 培训机制

运维培训的主要目标是提升专业技能，确保运维人员掌握总体流程。应培养智慧水务运维管理人员，使其掌握智慧水务系统及设施的核心功能和实施方法；培养系统管理员，使其掌握日常运行和系统维护的技能，包括智慧水务设备设施的巡检、故障排查、故障处置等；提供有效、全面的培训文档和标准给使用人员。

培训管理包括培训内容、培训方法、培训部门、培训人员、培训结果和总结等。培训方式可包括课堂培训、实践培训、网上培训、讲座培训多种方式。

7 智慧水务应用

智慧水务应用是智慧水务技术与水务业务的深度融合和系统性集成，以实现监测在线化、管理数字化、控制智能化和决策智慧化的目标。

在线监测通过建立城镇水务信息模型（CIM-water）和在线监测系统，构建城镇水务全过程数据感知体系，为数字化管理、智能化控制、智慧化决策提供及时、准确、可靠的数据信息。

数字化管理打通系统间数据壁垒，实现数据流动和共享，打造统一的城镇水务数字化管理系统，以更加精细和动态的方式管理监测仪表、控制设备、调度系统，为在线监测、智能化控制、智慧化决策提供保障。

智能化控制在自动化的基础上通过水处理技术与人工智能、大数据技术的深度融合，实现关键环节控制的自感知、自学习、自决策、自执行和自适应，达到安全高效、稳定、节电、节药、低碳的目标。

智慧化决策通过运用模拟仿真技术辅助决策，提高决策的科学性、准确性和高效性，实现复杂水务业务的预判规划、优化调度、应急管理及情景分析，辅助制定科学、精准、有效的决策方案，提升城镇水务行业生产、调度、管理和服务水平。

我国智慧水务的发展当前处于数字化、智能化和智慧化三种模式交织叠加的阶段。这三种模式并非递进式的前后发展阶段，每种模式的侧重点不同，在建设智慧水务的各个阶段中，这三种模式应该互为补充，根据各地域发展特色以及所处不同阶段的实际情况相互配合、协调实施。

智慧水务建设实施应遵循以下原则：

1）统一性：智慧水务平台建设应与城镇水务发展规划相统一，智慧水务的建设思路应符合城市建设和管理的需求。

2）互通性：智慧水务是智慧城市的重要组成部分，智慧水务架构应当在智慧城市总体框架下建设，实现跨部门系统的互联互通、数据交换共享和业务流程协同。

3）安全性：数据互联互通带来安全问题，水务是城市生命线，在提高效率和管理便捷的同时，应兼顾信息安全，与信息安全相关的关键产品尽量采用国产品牌。

4）系统性：智慧水务需要系统考虑，结合企业的主营业务，注重给水、污水和雨水各系统之间的关联，注重源网厂河（湖）之间的联系等。

5）前瞻性：智慧水务应考虑前瞻性，与城镇水务规划相衔接，预留接口；同时宜考虑数字孪生、大数据、云计算、物联网、移动互联、人工智能等新兴技术在智慧水务中的应用。

6）节约性：应尽量利用城市水务现有信息资源以及建设单位所在的省一级、地市一级的电子政务云平台，减少重复建设。

7）数据流通性：重视数据的可用、可信、可流通、可追溯能力建设，重视通用数据库、通用算法库，为数据交易、算法交易、模型交易奠定基础，激活数据价值。

智慧水务技术应用要充分结合应用场景的系统目标和具体应用对象，需要深入应用场景中的生产环节，同时还要兼顾不同地区的经济发展、不同水务企业的主营业务，因地制宜进行智慧水务应用。城镇水务系统一般包括给水、污水、雨水三个子系统。根据各子系统的内涵、目标、场景、对象的不同，智慧水务具体应用按照城镇供水、城镇水环境、排水（雨水）防涝三个领域进行展开，便于水务企业结合自身业务范围参考实施。但是在宏观上智慧水务仍是一个整体，在智慧水务应用实践过程中，对内要遵循水的社会循环的科学规律，把握各子系统之间的关联性和系统性；对外智慧水务作为智慧城市的一部分，需要注重城镇水务信息模型（CIM-water）的建设，预留数据接口，便于数据流通分享。

7.1 应用架构

智慧水务应用需要将智慧水务技术与智慧水务平台相融合。围绕水务业务领域，汇聚涉水业务数据，智慧水务平台的架构由物联感知层、数据层和应用层三个层次组成，如图 7-1 所示。

（1）物联感知层

物联感知包括在线监测、网络通信，该层级主要通过传感器仪表、网络设备和生产控制设备实现数据的采集传输，实现对工艺和设备等进行实时监测。

在线监测以物联网技术为核心，通过将仪表、摄像头及其他终端设备的数据及信

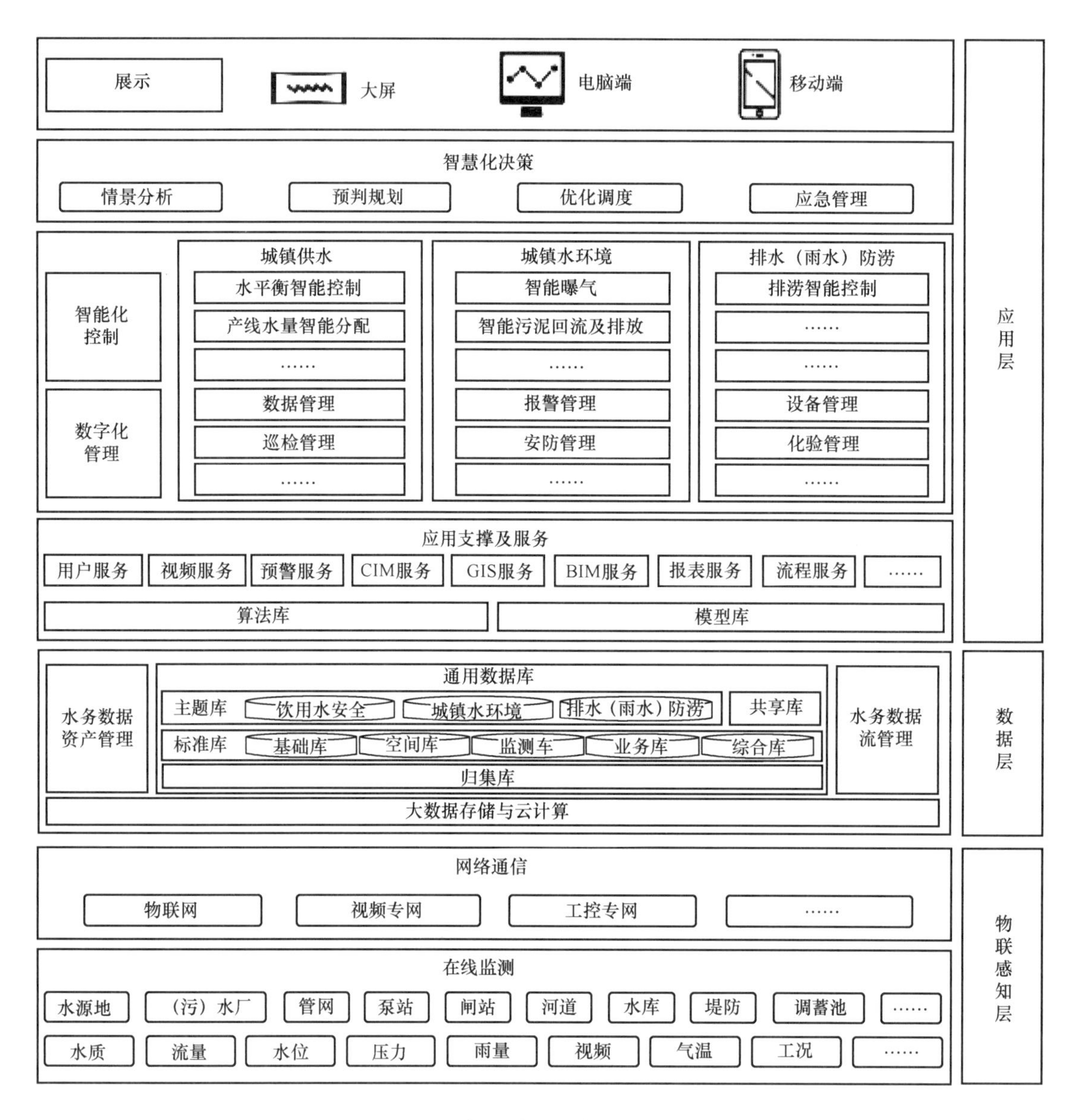

图 7-1　智慧水务平台应用架构

息进行自动化采集，实现全流程监测、监视和监控，为业务应用提供实时动态数据支撑。智慧水务平台的在线监测一般应符合以下要求：

1）监测布点应满足应用需要，同时要科学合理，做到协同无盲区、建设无重复，能够用有限的监测布点全面、准确地反映城镇水务各环节、各要素的运行状态。

2）监测频次应满足实际管理需要，并能根据持续监测结果进行动态调整。

3）设备仪表选型应根据现场工况、安全可靠性、经济性和技术可靠性综合考虑，宜选用低功耗设备，尽量选用成熟产品。

4）采集数据的格式应满足行业相关技术要求和标准。

5）监测数据的展示可利用 VR、AR、MR 等新型信息交互技术，丰富物联感知应用场景。

网络通信，通过网络基础设施实现人与人、人与设备设施、设备设施与设备设施之间的连接。一般应符合以下要求：

1）网络架构应遵循“分区＋分层＋安全”的设计理念，建立安全物理隔离的内网和逻辑隔离的外网，并具备高安全性、高扩展能力和可管理性。

2）网络应支持 4G、5G、F5G、NB-IoT 等技术，并支持 IPv6 及其后续扩展。此外，应能够根据业务需求提供独立网络切片、动态弹性扩容、带宽自动负载均衡，实现端到端多业务承载。

3）基础设施环境应满足电子设备和工作人员对温度、湿度、电磁场强度、噪声干扰、防雷与接地等的要求。

（2）数据层

包括大数据与云技术，大数据包括通用数据库及数据管理，云技术包括云基础设施及云计算。

通用数据库构建水务数据的采集汇聚存储体系、治理管控平台、可视化资产运营能力以及数据挖掘能力。通用数据库一般应符合以下要求：

1）应具备数据汇聚、存储、管理、开发与利用、共享与交换等方面的功能，实现可持续的数据质量管控和数据安全管控。

2）应支持不同来源的数据接入，支持关系型数据、时序型数据、半结构/非结构化数据以及地理空间数据等不同类型数据的汇集。

3）应根据不同格式数据设置相应的数据采集通道，同一类的数据采集应采用相对统一的数据传输标准。

4）在数据采集与汇集过程中应做好信息安全的监测和防护工作，支持对数据进行协议解析和信息安全特征识别，支持对关键数据进行加密传输。

5）应具备可扩展性、高可靠性和高可用性的分布式对象存储能力，以满足水务数据不同类型的服务使用需求，能够为结构化、半结构化和非结构化类型数据提供不同级别的存储策略，并提供灵活的存储空间管理策略。此外，还应该能够自动进行数据备份和容灾，保障数据的安全性和可靠性。

6）应对数据库结构、数据库数据等进行备份，支持集中控制的数据备份，支持镜像备份和异地备份，支持备份数据压缩存储。同时提供错误监控机制，采用多份冗余备份确保数据的安全。

7）应支持向智慧城市政务大数据平台提供水务信息资源目录，明确共享目录和开放目录，同时形成或遵循城市各行业以及水务各部门间的数据共享交换机制。

8）应建立水务数据资产管理和水务数据流管理，重视数据的价值，探索数据流通交易机制，为数据流通和交易提供支撑，发挥数据要素作用。

云技术通过云基础设施的构建为上层系统提供算力。云技术设施一般应符合以下要求：

1）云基础设施应当支持自主可控的技术和架构，其中包括但不限于传感器芯片、服务器整机、网络设备、安全设备、云平台、操作系统、数据库、计算框架和应用框架等内容。

2）云基础设施应能根据前端业务需求按需扩容，做到按需使用、弹性伸缩，且不影响整体业务运行或导致业务停用。

3）支持基于存储、算力和网络带宽、可用率进行统一协同调度，实现云网资源最优配置。

4）云基础设施应支持GPU芯片、国产AI芯片等；支持智能分析算法，支持深度学习和推理以及城市水务模型的学习和推理。

（3）应用层

应用层包括应用支撑及服务、业务应用系统和平台展示。

应用支撑及服务为智慧水务业务应用进行数据赋能、业务赋能和技术赋能，减少业务应用开发难度，降低应用开发工作量。一般应符合以下要求：

1）技术架构应具有先进性，可提供通用能力、行业共性能力组件及服务，并具有复用性。

2）智慧水务应用需要不断迭代更新组件和服务，以满足业务需求的不断变化和提升用户体验。其中包括但不限于用户服务、视频服务、预警服务、CIM服务、GIS服务、BIM服务、报表服务、流程服务等。

3）应遵循标准化的接口与ICT基础设施层、大数据平台、业务层进行交互。

4）应建立通用算法库，根据具体应用场景提供海量数据预处理、通用人工智能算法选择及交互式智能标注、大规模分布式训练等。

5）宜建立通用模型库，根据水处理、水文、水动力、水质提供不同数学物理模型内核的模拟工具和API接口，用于情景分析、预判规划、优化调度、应急管理等。

6）通用算法库、通用模型库应统一权限管理，并宜建立升级迭代机制、共享租用机制，算法模型升级迭代过程不影响业务运行，共享租用保证信息数据安全且要素产权、收益分配应符合国家颁布的相关法律法规。

业务应用系统覆盖城镇供水、城镇水环境、排水（雨水）防涝三个业务领域，包括数字化管理、智能控制和智慧决策，满足水务各业务部门及各业务维度的管理需求，实现资源共享与业务协同。基于资源整合、服务融合的理念实现智慧决策，为业务应用提供跨系统、跨业务、跨架构的数据展示融合、分析服务融合、调度服务融合、推演服务融合和资源联动融合服务。一般应符合以下要求：

1）应全面考虑业务的实际需求和功能逻辑，分析业务主体、管理对象、管理方式等多方面因素，梳理、构建形成智慧水务业务应用系统的业务框架。

2）应充分利用数据资源服务以及应用支撑能力，采用微服务架构，构建轻量化、易配置的功能模块。

3）新建业务应用系统应具备良好的扩展性、互操作性，应考虑与现有系统的兼容性，尽可能对现有系统进行整合、改造或重建，减少集成问题，避免形成信息孤岛。

平台展示可通过大屏、电脑端、移动端等客户端满足不同场景及不同岗位用户的需求。

7.2 建设应用

7.2.1 城镇供水

城镇供水系统包括原水系统、净水厂、输配水系统及用户四个方面，如图7-2所示。

原水系统主要指从水源取水到净水厂，其物理边界以取水头部为始到输水管线末端位置，包括取水头部、输水管、取水泵站、输水管线及管线附属设施等。

净水厂，其物理边界覆盖净水厂进水至出水所有水处理和泥处理构筑物，包括水处理工艺设施（沉淀池、臭氧接触池、滤池等）、清水池和送水泵房等。

输配水系统即供水管网，其物理边界从净水厂出水到加压调蓄，包括供水管网中的加压泵站和调蓄设施。

用户即用水户，包括入户阀门、水表。

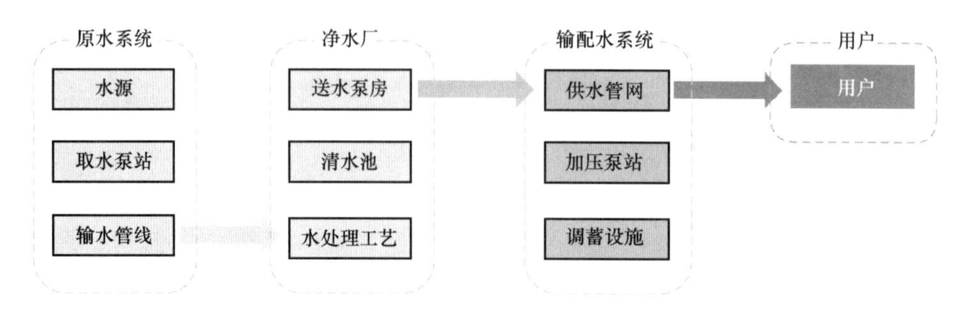

图 7-2　城镇供水系统组成

根据应用主体不同，对于城镇供水系统智慧水务技术的要求也有所不同，在进行智慧水务应用时需要以自身需求为导向，采用相关智慧水务技术为业务场景赋能：

对于用户，其核心需求是服务与信息公开：报装等需求的申诉渠道，停水通知等重要信息的主动精准推送，供水的水质、水量和压力是否适用。对智能客服等需求尤为关注。

对于政府部门，需要监管供水的水质、水量和压力，对城市生命线的稳定性和可靠性进行考核和评估。同时从智慧城市的角度进行信息抓取，构建 CIM-water 是智慧水务向智慧城市共享互通的基础。

对于水务集团，需要建立从源头到龙头的全流程在线化监测，对每个环节的生产运营情况评价分析；与此同时对于供水整体的决策调度也尤为关注：例如水源地突发水污染预警应急决策、供水多水源多水厂及管网调度等；此外对水务集团而言，需要将各厂站管网数据进行统一收集存储，网络通信技术、云技术与信息安全技术也是其关注重点。对于取水和制水过程，生产控制安全、高效是首要目标，所以对可以节能降耗的智能控制尤为关注，同时通过 BIM 技术可以大大提高水厂的数字化管理水平；供水和催缴业务则对供水系统的漏损监测、分区计量、产销平衡技术尤为关注，同时通过 CIM-water 技术可以大大提高供水管网系统的数字化管理水平。

1. CIM-water

（1）BIM

BIM 技术是数据孪生的基础，BIM 技术在城镇供水中主要应用对象包括取水头部、取水泵站、输水管线、净水厂、供水管网、加压泵站、用户等。通过 BIM 技术，将净水厂、泵站等 BIM 模型实现设计信息、建设信息、运行数据、监控画面等多源异构信息的融合；同时基于BIM技术还可以实现净水厂和泵站VR巡检、培训、事故预案演练、供水管网AR找管等。城镇供水领域各对象的BIM覆盖要求，根据其所处城市和对象规模宜参考表7-1。

城镇供水领域BIM技术应用 **表7-1**

对象	超大城市	特大城市	大城市	中等城市	Ⅰ型小城市	Ⅱ型小城市
取水泵站（≥5万m^3/d）	■	■	■	■	■	▲
取水泵站（<5万m^3/d）	■	■	■	▲	▲	▲
输水管线	■	■	■	▲	▲	▲
净水厂（≥5万m^3/d）	■	■	■	■	■	■
净水厂（<5万m^3/d）	■	■	■	■	▲	▲
供水管网（*DN*300以上）	■	■	■	▲	▲	▲
加压泵站（≥5万m^3/d）	■	■	■	■	■	▲
加压泵站（<5万m^3/d）	■	■	■	▲	▲	▲

注：1.“■”表示应覆盖；“▲”表示宜覆盖，后文表格同此。
2. 超大城市指城区常住人口在1000万以上的城市；特大城市指城区常住人口500万以上1000万以下的城市；大城市指城区常住人口100万以上500万以下的城市；中等城市指城区常住人口50万以上100万以下的城市；Ⅰ型小城市指城区常住人口20万以上50万以下的城市；Ⅱ型小城市指城区常住人口20万以下的城市（以上包括本数，以下不包括本数）。

（2）GIS

GIS技术在城镇供水中主要应用对象包括供水管网、加压泵站、用户等。通过GIS技术，管网数据信息实现动态更新，分区供水分区计量；同时依托定位技术为日常巡检、设备维修养护提供导航、打卡等相关服务。同时，基于GIS技术可实现管网纵横剖面分析、管线连通性分析、流向分析、净距分析、埋深分析、缓冲区分析、最短路径分析等管网分析功能以及爆管分析、抢修决策等支持功能。此外，GIS也是管线设备资产管理和管网模型的基础。城镇供水领域GIS技术应用宜参考表7-2。

城镇供水领域GIS技术应用 **表7-2**

对象	宜包含信息
水源	水体名称、基本信息、原水水质、水文信息、常水位、丰水位、枯水位、控制水位、水位……
取水泵站	泵站名称、取水规模、责任单位、建设时间……
输水管线	管径、标高、埋深、管材、管龄、敷设方式、责任单位、缺陷程度……
净水厂	水厂名称、规模、工艺、进水水质、出水水质、建设时间、责任单位……
供水管网	管径、标高、埋深、管材、管龄、敷设方式、责任单位、供水分区、缺陷程度……
加压泵站	泵站名称、供水分区、规模、出站水压、责任单位、建设时间……
用户	用户名称、用水记录……

（3）网络通信

城镇供水领域各对象的通信应结合具体情况进行选择，取水泵站、净水厂、加压泵站通常控制对象较多，控制频率较高，稳定安全要求较高，宜采用有线专线的形式进行通信；管网压力及流量监测点、水源水质监测站等不涉及控制、数据量较小、分布比较分散的对象可采用无线物联网进行通信。城镇供水领域网络通信技术及信息安全应用宜参考表 7-3 。

城镇供水领域网络通信技术及信息安全应用表 **表 7-3**

对象	监控终端	通信形式	信息安全等级保护要求
水源	水质仪表	无线物联网	二级
取水泵站	控制设备、水质仪表、流量计、液位计	有线专网	三级
输水管线	压力变送器	无线物联网	二级
净水厂	控制设备、水质仪表、流量计、液位计、压力变送器	有线专网	三级
供水管网	压力变送器、流量计	无线物联网	二级
加压泵站	控制设备、流量计、液位计	有线专网	三级
用户	水表	无线物联网	二级
所有对象	摄像头	有线视频网	二级
所有对象	办公电脑、移动终端	互联网	二级

2. 在线监测

城镇供水在线监测需构建全过程感知体系，为智能应用的实现提供基础的数据支撑。

原水监测：原水环节应选取浊度、酸碱度、化学需氧量，宜选取氨氮、化学需氧量（COD_{Mn}）、电导率、总磷、总锰等。净水厂环节应选取浊度、余氯、酸碱度，宜选取氨氮。管网环节应选取余氯、浊度，宜选取酸碱度。监测点位布设应遵循覆盖性、多样性、均匀性、经济性、可行性的基本原则。具体安装位置应结合地势、网络信号、安装难度综合考虑。

厂（站）监测：包括液位、流量、压力、水质、设备状态及环境监测。其中水质监测除满足生产控制监测必需的仪表外，还应根据净水厂及泵站所应用的智能控制增加相应的仪表。

管网监测：应包含管网运维过程中的管网水质、管网压力、管道流量、水池水位、漏失信号、增压泵站信息、阀门开启度、用户水量等数据，以及考虑与调度、漏损控制等系统监测数据结合。调度监测应满足管网水力模型精度的监测密度需求；数据准确、可靠；重点区域，可酌情加强布置密度。漏损监测应结合漏损分区原则，形成区块闭合监测；应考虑阀门、区域供水边界等因素，宜结合水力模型进行分区模拟规划。

加压调蓄设施宜设置余氯（总氯）、浊度、酸碱度、水温、溶解氧、电导率、水量、压力等监测设备。监测设备安装位置应满足安全运行、清洁消毒、维护检修要求。

环境监测除必要的视频、门禁、电子围栏外，对于厂（站）的有限空间、地下或半地下式的厂（站）也应进行温度、湿度、氧气及有毒有害气体等的监测。

用户监测：主要对用户的用水量进行监测，有条件的地方也可考虑在管网末梢流速较慢、水龄较长的用户安装水质监测仪表。

城镇供水领域监测指标配置宜参考表 7-4，并应满足现行国家标准《室外给水设计标准》GB 50013 等相关标准的要求。

城镇供水领域在线监测指标配置 **表 7-4**

监测对象	主要监测指标																				
				水质									环境			状态					
	流量	液位	压力	余氯	浊度	酸碱度	溶解氧	氨氮	化学需氧量	电导率	TP	总锰	环境温度	摄像头	有毒有害气体	启停	故障/正常	频率	振动	设备温度	噪声
水源	■	■			■	■	■	▲	▲	▲	▲	▲		▲							
取水泵站	■	■	■										■	■	▲	■	■	■	■	■	■
输水管	■		■																		
净水厂进出口	■	■	■	■	■	■	■	▲	▲	■	■	▲									
净水厂出口/送水泵房	■	■	■	■	■								■	■	▲	■	■	■	■	■	■
供水管网	■		■	■	■																▲
加压泵站	■	■	■	■	■								■	■	▲	■	■	■	▲	■	■
用户	■																				
封闭空间															■						

注："■"表示应覆盖；"▲"表示宜覆盖。

3. 数字化管理

城镇供水领域数字化管理以云计算、大数据、物联网和移动互联网等高新技术为支撑，通过信息资源整合、优化结构和优化管理流程，提升供水服务水平和精细化管理支撑能力。实现水务企业生产数字化、管理协同化、决策科学化、服务主动化。

城镇供水领域数字化管理的主要对象包括：

厂站数字化管理主要包括：取水泵站运行管理、净水厂运行管理加压泵站运行管理等。对厂站等生产管理进行梳理，建立以"调度、事故处置、能耗管理、设备管理、运行评估"为核心的厂站综合运营管理平台。实现数据监测、化验管理、巡检管理、设备管理、能耗管理、物料管理、成本管理、安防管理、日常调度管理，实现厂站运行安全、高效、节能等管理目标。

管网数字化管理主要包括：利用数据监测、巡检管理、数据分析，建立DMA漏控及考核管理体系，对管网健康状况进行识别、问题定位、跟踪和监管定量控制漏损，达到降低产销差、提高经济效益、实现低碳环保的目的。通过数据监测掌握管网的流量、压力等情况，方便预测爆管、及时发现漏处隐患。当管网发生事故时，管理人员能够迅速缩小范围确定位置，派发任务给相应的巡检维护人员并进行处置。实现巡检业务中任务计划、巡检事件、巡检人员和绩效考核的精细化管理，保证巡检工作计划的合理性与完善性、事件上报的准确性与及时性、人员考核的公平性与客观性。

用户数字化管理主要包括：提供面向用户的全面服务功能，包括账务、表务、报修、咨询等服务，将繁琐的自来水报装业务整合成规范的工作流程，提高工作效率，提升水务企业的营商环境。同时，配备相应的移动应用，既可实现主动服务，也可实现交互式服务，达到服务快捷、方便、亲民的目标。

城镇供水领域数字化管理技术应用具体要求宜参考表7-5。

城镇供水领域数字化管理技术应用具体要求　　表7-5

对象	数据监测管理	巡检管理	设备管理	报警管理	安防管理	化验管理	能耗管理	物料管理	成本管理	日常调度管理	服务营收
水源	■	▲	▲	■		■					
取水泵站	■	■	■	■	■		■		■	■	
输水管线	■	■		■							
净水厂	■	■	■	■	■	■	■	■	■	■	
供水管网	■	■	■	■	■					▲	
加压泵站	■	■	■	■	■		■		■	■	
用户	■	■		■							■

注："■"表示应覆盖；"▲"表示宜覆盖。

饮用水与居民生活息息相关，也是城市生命线的重要组成，除了对内需要实现数字化管理，对外也需要实现相应的场景服务，包括但不限于线上缴费、电子发票、停水通知、水量异常预警、基于用户画像的精准服务等。

线上服务渠道是为用户提供线上自助办理的渠道（见图7-3），业务办理流程与实体线下服务窗口一致，通过利用各种信息化手段，精简业务办理流程，如通过人脸核实获取用户身份信息，替代提供纸质身份证明；通过政务数据共享，替代提供产权证明、线上缴费、电子发票等。线上服务渠道通过优化办理流程，逐步引导用户自助完成业务办理。

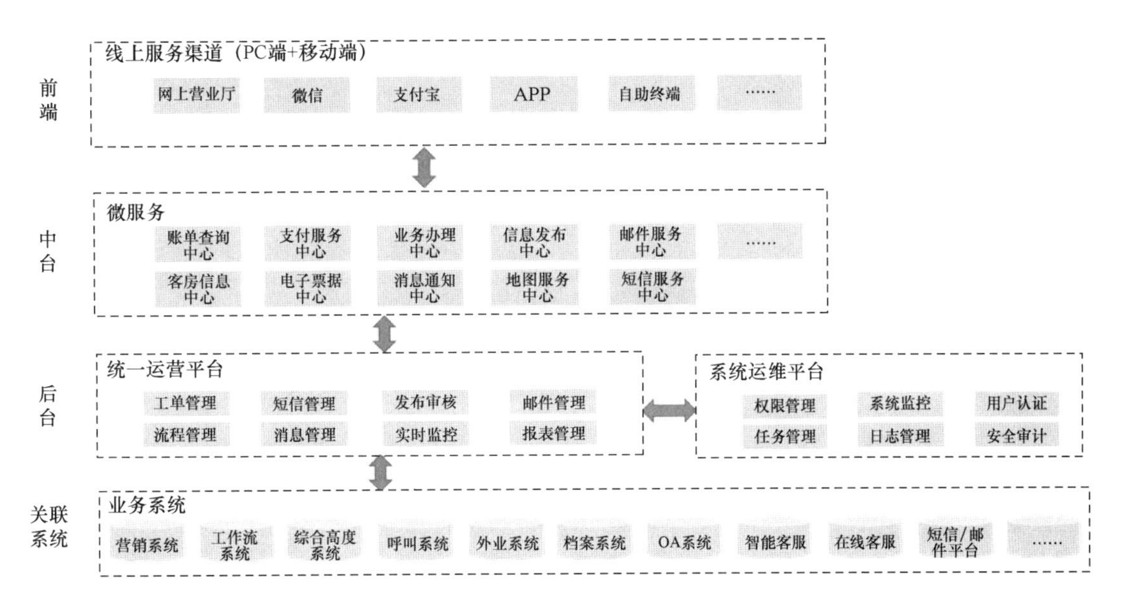

图7-3 线上服务逻辑架构

水务企业经常遇到因管道改造、管道维抢修等工程施工，需要对某些区域实施停水施工，对于停水受影响用户的停水通知方式，基本都是通过线下张贴停水通知，或者用户发现停水主动联系水务企业客服热线问询了解（见图7-4）。用户无法准确地提前获取停水通知，用户服务体验差。构建智慧停水业务场景，实现停水全过程管理电子化，可以实现停水方案制定智能化，用户停水通知推送精准化。

图7-4 停水通知逻辑架构

水量异常预警。人口老龄化趋势下的独居老人问题日趋严重，政府也越来越重视对独居老人的社会关怀，通过运用智能水表技术发现独居老人的用水异常，及时做出预警联动物业，以科技手段守护用户居民的安全，延伸服务工作。

基于用户画像的精准服务。基于客服各类业务系统中留存的大量的用户静态、动态的数据档案，包括用户基本信息、水表信息、抄表信息、欠费信息、表务工单信息、账务处理信息、退款信息，以及用户业务办理相关的图片、音频、视频文件等多媒体资料，运用大数据挖掘技术，从违章用水风险、欠费风险、停水影响、计费敏感、渠道交互、收入贡献等多维度构建水务客户画像特征体系，分级分类开展个性化精准服务。用户画像示意图如图 7-5 所示。

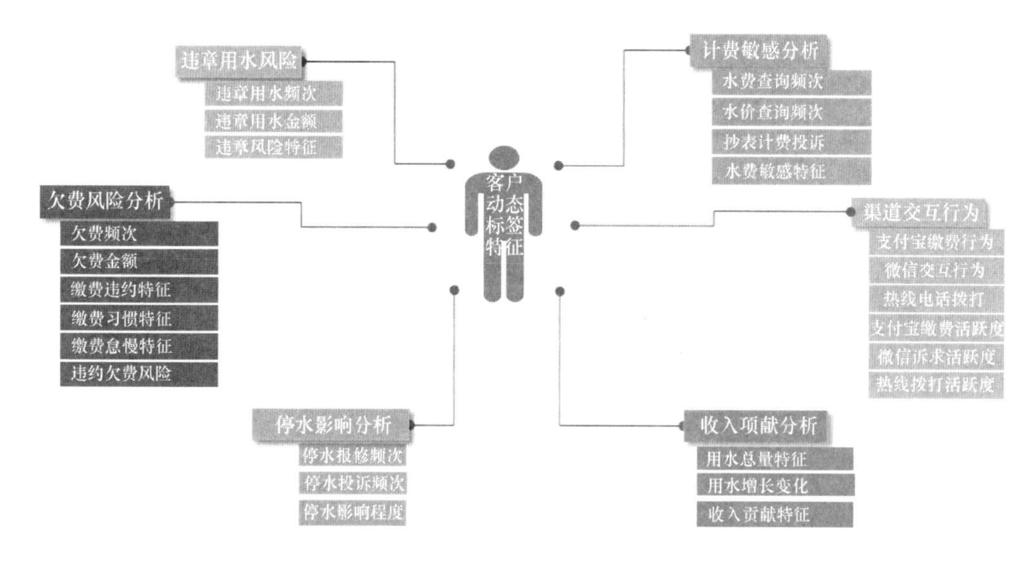

图 7-5　用户画像示意图

4. 智能化控制

城镇供水控制环节包括不同形式的控制，各控制环节应根据自身控制目标和模型算法的特性，选择合适的模型算法组合，实现智能控制。

取水泵站、送水泵房、加压泵站等以水泵为核心的单体可考虑泵组优化智能控制，能自适应的调节泵组搭配和水泵频率节能运行，同时自动稳定过渡到智慧决策调度指令要求工况。

净水厂宜根据核心工艺特性考虑相应的智能控制，如絮凝沉淀池应考虑智能加药、智能排泥；其次宜考虑产线水量智能分配；滤池应考虑智能反冲洗；接触消毒池应考虑智能消毒；同时，取水泵站、清水池、送水泵房应考虑联合控制，通过水平衡智能控制实现按需定产，清水池高水位运行。

地下或半地下净水厂应考虑智能通风，根据不同工况和场景调节通风系统运行；同时应考虑智能照明，通过对净水厂地下箱体内的照明进行分区分片管理，结合日常生产管理巡视的安排，对区域照度进行精准控制。

城镇供水领域智能化控制技术应用具体要求宜参考表 7-6。

城镇供水领域智能化控制技术应用具体要求　　表7-6

子项	泵组优化智能控制	产线水量智能分配	智能加药絮凝	智能排泥	智能反冲洗	智能消毒	水平衡智能控制	智能照明	智能通风
取水泵站	■						■		
絮凝沉淀		▲	■	■					
过滤		▲			■				
消毒/调蓄						■	■		
送水泵房	■	▲					■		
加压泵站	■							▲	
地埋式净水厂								■	■

注："■"表示应覆盖；"▲"表示宜覆盖。

5. 智慧化决策

通过构建从水源到客户终端龙头的智能感知体系，构建集水源保护、净化处理、安全输配、水质监测、风险评估、应急处置于一体的城镇供水保障技术和监管体系，实现降低供水系统能耗、提高故障处理效率、降低管网漏损、保障供水水质的目标。

通过构建基于水力模型的集水量预测、原水预警、泵组优化等功能的原水智能调度，从源头保障供水安全；建设安全高效、智能运营的净水厂，实现供水系统的工艺优化运行；实现对管网运行状态的诊断和评估，形成管网优化与改造方案；通过管网水力模型的模拟仿真，实现优化运行调度、压力管控与节能、漏损控制、水质水龄控制、防止爆管及事故抢修等；对于重大的水源污染事件、制水工艺和供水环节中的异常突发事件，建立自动应急响应机制，具备在线预警、系统分析监测数据、自动生成应急方案、在线调整净水厂运行工艺、分析排查水质异常原因等功能。

城镇供水领域智慧化决策技术应用具体要求宜参考表7-7。

城镇供水领域智慧化决策技术应用　　表7-7

业务对象/场景	超大城市	特大城市	大城市	中等城市	Ⅰ型小城市	Ⅱ型小城市
突发水污染公共卫生事件应急决策	■	■	■	■	■	■
供水多水源多水厂调度决策	■	■	■	■	■	▲
供水管网运行优化决策	■	■	■	■	■	■
供排水突发事故应急决策	■	■	■	■	▲	▲

注："■"表示应覆盖；"▲"表示宜覆盖。

7.2.2 城镇水环境

城镇水环境包括污水收集、输送、处理、排放、水体环境相关的全部构筑物和设施。主要分为污水收集、地表径流污染及溢流污染控制（CSO）控制、污水处理、尾水排放及再生水补水四个方面（见图 7-6）。

污水收集系统主要指城镇合流制管道以及分流制管道中污/废水排水管道以及其附属构筑物，不包括分流制下的雨水管道，其物理边界以居民小区化粪池或工业企业排放口起始至污水处理厂进水端为止，包括小区化粪池、工业企业排放口节制闸、污水管道和提升泵站。

地表径流污染及 CSO 控制，地表径流控制边界以地表径流起始至海绵截污设施为止，包括各类对污染物起削减控制作用的海绵设施，如下凹绿地、植草沟、旋流截污设施及初雨厂等。CSO 控制特指合流制管网中，对于合流污水进行分流、截污的工艺环节，包括截流井或分流井、可调节堰门等。

污水处理主要指城镇集中污水处理厂，其物理边界覆盖自污水处理厂进水至出水的所有污水、污泥处理构筑物及辅助生产建筑物。

尾水排放及再生水补水，尾水排放物理边界以污水处理厂出水起始至水系水体的尾水排放口为止，包括污水处理厂的出水阀门、尾水排放管道和尾水排放口等。再生水补水特指污水处理厂出水经过输送后，按照需求对水体进行生态补水。其物理边界以污水处理厂出水起始至水系水体的生态补水口为止，包括污水处理厂的出水阀门、再生水转输管道和补水口等。

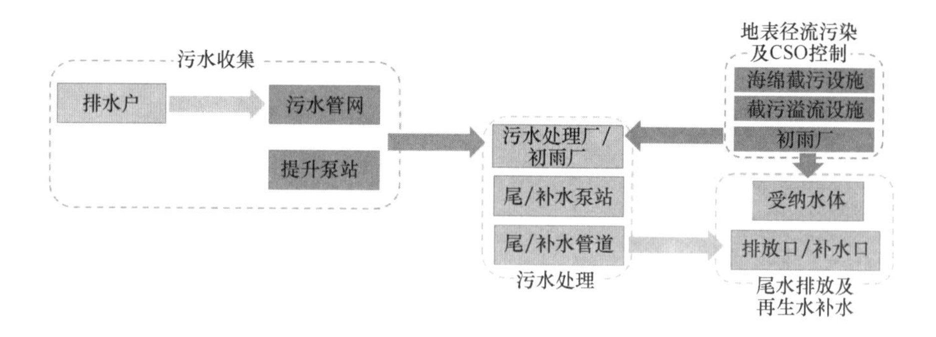

图 7-6　城镇水环境系统组成

根据应用主体不同，对于城镇水环境智慧水务技术的要求也有所不同：

对于群众，城镇水环境的核心需求是信息交互：对黑臭水体的申诉以及对水体治理情况信息公开的需求。

对于环保部门，环境保护、污染控制是其首要目标。所以对于工业排水户、大排水户、污水处理厂出水、排口和水体的监测尤为关注。通过在线监测技术和巡检管理等数字化管理技术可以实现对污染的监督以及对河流湖泊水质的监管。

对于城镇河湖水体管理部门公司，水环境的保护和水体的治理是首要目标，对污染溯源、控源截污、源网厂河（湖）一体化运维决策等智慧化决策技术尤为关注，通过水体的监测和分析，对工程措施和非工程措施进行评估和评价，为治理措施的运行调度提供指导。

对于污水收集及处理企业，污水收集管网的数字化管理尤为重要，通过 CIM-water、在线监测以及数字化管理技术实现污水的高效收集。污水处理厂的出水稳定达标、节能降耗、低碳生产是首要目标。对污水处理环节的智能控制技术尤为关注。此外数字化管理技术和 BIM 技术可以帮助污水处理厂实现数字孪生，高效管理。

1. CIM-water

（1）BIM

BIM 技术在城镇水环境领域中主要应用对象包括污水处理厂、污水泵站、污水管网、排水户、排口等。通过 BIM 技术，将污水处理厂、污水泵站等 BIM 模型实现设计信息、运行数据、监控画面等多源异构信息的融合；同时基于 BIM 技术还可以实现污水处理厂站 VR 巡检、培训、事故预案演练；污水管网 AR 找管等。城镇水环境领域各对象的 BIM 覆盖要求，根据其所处城市和对象规模宜参考表 7-8。

城镇水环境领域 BIM 技术应用 **表 7-8**

对象	超大城市	特大城市	大城市	中等城市	Ⅰ型小城市	Ⅱ型小城市
污水管网（*DN*300 以上）	■	■	■	▲	▲	▲
提升泵站（≥5 万 m^3/d）	■	■	■	■	■	▲
提升泵站（<5 万 m^3/d）	■	■	■	▲	▲	▲
污水处理厂（≥5 万 m^3/d）	■	■	■	■	■	■
污水处理厂（<5 万 m^3/d）	■	■	■	■	▲	▲
初雨厂（≥10 万 m^3/d）	■	■	■	■	▲	▲
初雨厂（<10 万 m^3/d）	■	■	■	■	▲	▲
尾水管/补水管	■	■	▲	▲	▲	▲

注：1. “■”表示应覆盖；“▲”表示宜覆盖。
2. 超大城市指城区常住人口在 1000 万以上的城市；特大城市指城区常住人口 500 万以上 1000 万以下的城市；大城市指城区常住人口 100 万以上 500 万以下的城市；中等城市指城区常住人口 50 万以上 100 万以下的城市；Ⅰ型小城市指城区常住人口 20 万以上 50 万以下的城市；Ⅱ型小城市指城区常住人口 20 万以下的城市（以上包括本数，以下不包括本数）。

（2）GIS

GIS 技术在城镇水环境领域中主要应用对象包括排水户、污水管网、排口、水体等。通过 GIS 技术，实现管网数据信息的动态更新，包括管道的新增和改造、CCTV

的监测结论等；同时依托定位技术为河湖长巡检、日常设备维修养护提供导航、打卡等相关服务。城镇水环境领域各对象GIS系统所包含的数据信息宜参考表7-9。

城镇水环境领域GIS技术应用表　　表7-9

对象	宜包含信息
排水户	企业名称、行业类别、准入标准、限制排污量、排水许可、排污记录……
污水管网	管径、标高、埋深、管材、管龄、敷设方式、责任单位、汇水分区、CCTV探测信息、缺陷程度、截流井名称、截污倍数、汇水分区、责任单位、建设时间……
提升泵站	泵站名称、规模、汇水分区、责任单位、建设时间……
污水处理厂/初雨厂	污水处理厂名称、规模、工艺、限制进水水质、排放标准、排水许可、建设时间、责任单位……
尾水管/补水管	管径、标高、埋深、管材、管龄、敷设方式、责任单位、缺陷程度、尾水排放口/补水口名称、建设时间、责任单位……
受纳水体	水体名称、基本信息、现状水质、目标水质、控制水位……

（3）网络通信

城镇水环境领域各对象的通信应结合具体情况进行选择，污水处理厂、规模较大泵站通常控制对象较多、控制频率较高、稳定安全要求较高，宜采用有线专线的形式进行通信；一体化泵站、截流井、排口可根据实际情况采用有线或无线专网进行通信；管网监测点、水体水质监测站等不涉及控制、数据量较小、分布比较分散的对象可采用无线物联网进行通信。城镇水环境领域各对象的网络通信形式宜参考表7-10。

城镇水环境领域网络通信技术及信息安全应用表　　表7-10

对象	监控终端	通信形式	信息安全等级保护要求
排水户	流量计及阀门	无线专网	二级
污水管网	流量计、液位计、水质仪表	无线物联网	二级
截流井	堰门、液位计、水质仪表	有线专网/无线专网	二级
提升泵站	控制设备、水质仪表、流量计、液位计	有线专网/无线专网	二级
污水处理厂/初雨厂	控制设备、水质仪表、流量计	有线专网	三级
尾水管/补水管	压力变送器	无线物联网	二级
受纳水体	水质仪表、液位计	无线物联网	二级
所有对象	摄像头	有线视频网	二级
所有对象	办公电脑、移动终端	互联网	二级

2. 在线监测

城镇水环境领域智能化应用需构建全过程感知体系，在线监测布置应根据城镇水环境各对象特性和需求进行布置。

排水户监测：重点排水户（如工矿企业等）应进行化学需氧量、氨氮、固体悬浮物浓度、总氮、总磷、酸碱度等常规指标的在线监测，并根据企业类别增加特征因子监测。

污水收集管网监测：污水管网及合流制管网关键节点、合流管网的污水截流井、初雨截流井、重要的合流箱涵应进行流量、水质等常规指标的监测。位于河道常水位以下及地下水位较高区域的污水主干管、污水干管宜增设水位监测点位。对于重要场所、交通主干道、人员密集区、易冒溢地区、装有监测仪器设备的检查井等宜设智能井盖；对于合流管网的污水截流井、初雨截流井宜设为智能分流井；重要排水泵站、溢流口、调蓄池等处宜进行视频监测。

厂（站）监测：包括液位、流量、压力、水质、设备状态及环境监测。其中水质监测除满足生产控制监测必需的仪表外，还应根据污水处理厂泵站所应用的智能控制增加相应的仪表。

一般设备应进行状态监测，包括但不限于：运行、故障等状态；重要用电设备宜进行电量监测，包括电流、电能、功率、功率因数等；大型水泵、风机机组除状态、电量监测外，还应进行振动、摆度、脉动、位移、转速、温度等状态监测，用于大型机组的健康度评估和故障预测。

环境监测除必要的视频、门禁、电子围栏外，对于厂（站）的有限空间、地下或半地下式的厂（站）也应进行温度、湿度、氧气浓度及有毒有害气体（如甲烷、硫化氢、氯气、臭气浓度）等的监测。

水体监测：合流制溢流排口、大排水量排口及有特征因子汇入地排口应进行流量、水质（如化学需氮量、氨氮、特征因子等指标）的监测；河道、湖泊等关键断面进行水位、水质（如化学需氮量、氨氮、固体悬浮物浓度、总氮、总磷、酸碱度等常规指标）的监测。

城镇水环境领域监测指标配置宜参考表 7-11，并应满足《室外排水设计标准》GB 50014—2021 等相关标准要求。

城镇水环境领域在线监测指标配置 **表 7-11**

监测对象	主要监测指标																			
	流量	液位	水质									环境			状态					
			固体悬浮物浓度	化学需氮量	总氮	氨氮	溶解氧	总磷	酸碱度	电导率	其他	环境温度	摄像头	有毒有害气体	启停	故障/正常	频率	振动	设备温度	噪声
排水户	■		■	■	■	■			■		▲									
管网	■	▲	■	■		■		▲	■	▲	▲									

续表

监测对象	主要监测指标																			
	流量	液位	水质									环境			状态					
			固体悬浮物浓度	化学需氮量	总氮	氨氮	溶解氧	总磷	酸碱度	电导率	其他	环境温度	摄像头	有毒有害气体	启停	故障/正常	频率	振动	设备温度	噪声
截流井	■	▲	■	■		■								▲						
提升泵站	■	■	▲	▲		▲						■	▲	■	■	■	■	■	■	■
调蓄池	■	■	▲	▲		▲							▲		■	■	■	■	■	▲
污水处理厂进出口	■		■	■	■	■		■	■											
初雨厂进出口	■		■	■	▲	▲		▲	▲											
排放口/补水口	■	■		■		■					▲		▲							
水体	▲	▲	■	■	■	■	■	■	■	■	▲		■							
封闭空间												■	▲	■						

注："■"表示应覆盖；"▲"表示宜覆盖。

3. 数字化管理

城镇水环境领域数字化管理通过数字化工具打造统一的排水数字化管理系统，以更加精细和动态的方式管理水务运营企业的整个生产、运行和服务流程，使之更加信息化、智能化、规范化。为企业管控提供科学依据，实现精细化过程控制管理，提升企业核心竞争力，强化企业运营管控能力，提升城市排水系统管理的效率和质量，保障城镇水环境安全。

排水户是排水的源头，为有效管理排水户尤其是工业排水大户的不规范排放行为，应实现排水户管理流程化、在线化、数字化。排水户的数字化管理内容，包括数据监测、巡检管理、安防管理、日常调度管理。

污水管网作为城市排水系统的重要载体，其结构复杂、规模较大、管理难度大。引入数字化管理手段，构建全局化、系统化的科学管理模式，是应对日益凸显的难题和提升管理效率的必要手段。管网数字化管理内容包括数据监测、巡检管理、设备管理、安防管理、日常调度管理。

污水处理厂及泵站管理主要包括数据监测、巡检管理、设备管理、能耗管理、物料管理、成本管理、安防管理、日常调度管理。

全面提升水体管理保护能力，为水治理工程提供支持。数字化水体管理内容应包括数据监测、化验管理、巡检管理、安防管理。

城镇水环境领域数字化管理技术应用具体要求宜参考表 7-12。

城镇水环境领域数字化管理技术应用具体要求 **表 7-12**

对象	数据监测管理	巡检管理	设备管理	报警管理	安防管理	化验管理	能耗管理	物料管理	成本管理	日常调度管理
排水户	■	■	▲	■	■	▲				■
污水管网	■	■	■	■	■	▲				■
提升泵站	■	■	■	■	■		■		■	■
污水处理厂/初雨厂	■	■	■	■	■	■	■	■	■	■
尾水管/补水管	■	■		■	■	■				▲
受纳水体	■	■		■	■	■				▲

注："■"表示应覆盖；"▲"表示宜覆盖。

4. 智能化控制

城镇水环境领域控制环节包括若干不同形式的控制，主要有阀门控制/堰门控制（流量调节）、水泵控制（流量控制）、风机控制（风量控制）、药剂投加控制（药量控制）。不同智能算法侧重也不相同。各控制环节应根据自身控制目标和智能算法的特性选择合适的算法组合实现智能控制。

污水提升泵站及再生水补水泵房等以水泵为核心的单体，可考虑泵组优化智能控制，能自适应的调节泵组搭配和水泵频率节能运行。

污水处理厂宜根据核心工艺特性考虑相应的智能控制：如生化池应考虑智能曝气，其次宜考虑智能内回流；二沉池及污泥泵房应考虑智能污泥回流及排放；高效池应考虑智能加药除磷；反硝化池应考虑智能碳源投加；同时还应考虑污水处理厂（站）智能污泥转运。通过智能控制实现污水处理厂的稳定运行和节能降耗。

在地下或半地下污水处理厂，应考虑智能通风，根据不同工况和场景调节通风系统运行；同时应考虑智能照明，根据人员及车辆的流动触发走廊、工艺单元的自动照明，助力污水处理厂实现低碳运行。

城镇水环境领域智能化控制技术应用具体要求宜参考表 7-13。

城镇水环境领域智能化控制技术应用具体要求 **表 7-13**

对象	泵组优化智能控制	智能曝气	智能内回流	智能污泥回流及排放	智能加药除磷	智能碳源投加	智能加药调理	智能污泥转运	智能照明	智能通风
污水提升	■									
生化池		■	▲							
二沉池及污泥泵房				■						

续表

对象	泵组优化智能控制	智能曝气	智能内回流	智能污泥回流及排放	智能加药除磷	智能碳源投加	智能加药调理	智能污泥转运	智能照明	智能通风
深度处理沉淀及反硝化					■	■				
污泥调理							■			
污泥转运								■		
地埋式污水处理厂									■	■
再生水补水泵房	▲									

注："■"表示应覆盖；"▲"表示宜覆盖。

5. 智慧化决策

从城镇水环境系统化治理的角度，构建以城市水安全、水环境、水资源保障为中心的"源-网-厂-河（湖）"一体化运营管理机制，对源-网-厂-河（湖）等排水设施信息进行采集、管理、分析、模拟，实现排水管网破损渗漏诊断及修复改造决策、污水处理厂超标进水应急处理决策、源-网-厂-河（湖）水环境运维决策以及供排水重要突发事件应急决策。

通过对排水管网实时监测，构建水动力模型，进行排水管道诊断评估，了解管网缺陷类型和缺陷等级，进行管网养护、修复或更新决策，保障排水设施的安全性。管网监测点出现污染物浓度超标时，由排水管网追溯查找出排污源头并及时进行管控，以保障污水处理厂运行安全。

通过物联网感知设备在线采集、监测污水处理厂生产运行数据和环境数据，结合数据挖掘、专家诊断、模型模拟等多种手段，开展污水处理厂全流程优化运行控制和故障诊断。

针对分流制排水系统中存在多个污水处理厂和多个污水提升泵站的区域开展联合调度。建立排水系统优化模型进行合流制排水系统联合调度方案制定，通过对排水系统优化布置以及厂站网的联合调度减少溢流污染。

对河湖水环境进行监测、模拟、预警，实现流域纳污能力计算、水质目标管理、生态流量模拟、断面预测预警、风险应急，在水环境监测、数值模拟、水环境评价、预测、灾害风险分析、优化调度、应急管理等方面提供决策支持。

城镇水环境领域智慧决策技术应用具体要求宜参考表 7-14。

城镇水环境领域智慧决策技术应用具体要求 表 7-14

业务对象/场景	超大城市	特大城市	大城市	中等城市	Ⅰ型小城市	Ⅱ型小城市
排水管网破损渗漏诊断及修复改造决策	■	■	■	■	▲	▲
污水处理厂超标进水应急处理决策	■	■	■	■	■	■
源-网-厂-河（湖）水环境运维决策	■	■	■	■	■	▲
供排水突发事故应急决策	■	■	■	▲	▲	▲

注："■"表示应覆盖；"▲"表示宜覆盖。

7.2.3 排水（雨水）防涝

排水（雨水）防涝涉及雨水收集、传输、调蓄、处理、排放相关的全部构筑物和设施，主要分为雨水收集、雨水处理和控制、排涝系统三个方面（见图 7-7）。

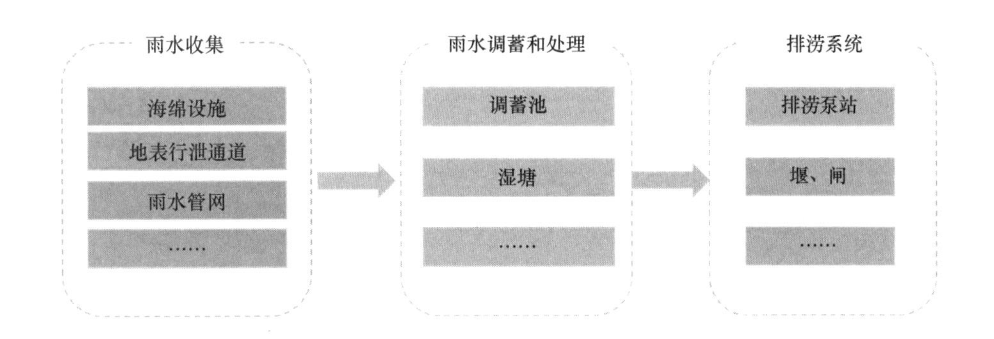

图 7-7 排水（雨水）防涝系统组成

雨水收集系统主要指收集建筑物屋顶、道路、广场、绿地等地表汇集的降雨径流的设施，包括海绵设施、地表行泄通道、雨水管网。

雨水调蓄和处理系统主要是指对雨水进行调蓄、净化的设施，包括调蓄池、湿塘、雨水湿地等。

排涝系统主要是指城市建成区外的排涝工程，包括排涝泵站、堰、闸等。

对于群众，排水（雨水）防涝的核心需求是信息公开：对雨情的公布、内涝的信息发布，通过信息获取提前避险，可以减少经济损失，保障人身安全。

对于水务局或水利湖泊局，排水（雨水）防涝是其首要目标。所以对于降雨到排放的全过程监测、易涝点的监测、排涝泵站的控制、雨水系统的调度尤为关注。与此同时需要对城市排水能力进行分析评价，依靠城镇水务信息模型技术（CIM-water）可以将渍水点、降雨情况与城市交通疏导、应急救援进行信息交互，提高水务交通之间信息交换效率，为智慧城市、韧性城市提供数据支持。

1. CIM-water

（1）BIM

BIM 技术在排水（雨水）防涝领域中主要应用对象包括海绵设施、调蓄池、雨水处理设施、雨水管渠道、排涝堰闸、排涝泵站等。通过 BIM 技术，将调蓄池、泵站等 BIM 模型实现等多源异构信息的融合，运维人员可以在数字孪生界面中实时掌握现场实际的数据信息；同时基于 BIM 技术还可以实现 VR 巡检、AR 巡检等，运维人员可通过 AR 巡检现场了解地下隐蔽工程设施如雨水管涵、调蓄池、闸门井等的布置和运行情况。排水（雨水）防涝领域各对象的 BIM 覆盖要求，根据其所处城市和对象规模宜参考表 7-15。

排水（雨水）防涝领域 BIM 技术应用表　　表 7-15

对象	超大城市	特大城市	大城市	中等城市	Ⅰ型小城市	Ⅱ型小城市
重要区域海绵设施	■	▲	▲	▲	▲	▲
雨水管渠（*DN*600 以上）	■	■	■	■	▲	▲
调蓄池（≥0.5 万 m^3）	■	■	■	■	▲	▲
调蓄池（<0.5 万 m^3）	■	■	▲	▲	▲	▲
排涝泵站（≥$5m^3/s$）	■	■	■	■	■	■
排涝泵站（<$5m^3/s$）	■	■	■	▲	▲	▲
闸站	■	■	■	▲	▲	▲

注：1. “■”表示应覆盖；“▲”表示宜覆盖；

2. 超大城市指城区常住人口在 1000 万以上的城市；特大城市指城区常住人口 500 万以上 1000 万以下的城市；大城市指城区常住人口 100 万以上 500 万以下的城市；中等城市指城区常住人口 50 万以上 100 万以下的城市；Ⅰ型小城市指城区常住人口 20 万以上 50 万以下的城市；Ⅱ型小城市指城区常住人口 20 万以下的城市（以上包括本数，以下不包括本数）。

（2）GIS

GIS 技术在排水（雨水）防涝领域中主要应用对象包括海绵设施、调蓄池、雨水管渠道、排涝堰闸、排涝泵站等。通过 GIS 技术，管网数据信息实现动态更新，雨水实现分汇水区域监测分析；同时依托定位技术为日常巡检、设备维修养护提供导航、打卡等相关服务。排水（雨水）防涝领域 GIS 技术应用宜参考表 7-16。

排水（雨水）防涝领域 GIS 技术应用　　表 7-16

对象	宜包含信息
海绵设施	设施名称、基本信息、年径流控制率、径流系数……
地表雨水行泄通道	地表雨水行泄通道类型、地表雨水行泄通道长度、路面等级与面层类型……
雨水管渠道	尺寸、标高、埋深、材料、建设年限、结构形式、责任单位、缺陷程度……
易涝点	易涝点名称、易涝点地点、所属街道、积水原因……
调蓄池	调蓄池名称、容积、责任单位、建设时间……
排涝泵站	泵站名称、排水分区、规模、运行水位、设计出口水位、责任单位、建设时间……
闸站	闸站名称、闸址、闸门高程、闸门启闭形式……
河道	河道名称、控制水位……
湖泊	湖泊名称、调蓄容积、水面面积、控制水位……

（3）网络通信

排水（雨水）防涝领域各对象的通信应结合具体情况进行选择，雨水处理设施、大型调蓄池、堰闸泵站通常控制稳定安全要求较高，宜采用有线专线的形式进行通信；小型的调蓄池以及管网测点数据量较小、分布比较分散的对象可采用无线专网或物联网进行通信。排水（雨水）防涝领域网络通信技术及信息安全应用宜参考表 7-17 。

排水（雨水）防涝领域网络通信技术及信息安全应用　　表 7-17

对象	监控终端	通信形式	信息安全等级保护要求
海绵设施	液位计、流量计	无线物联网	二级
雨水管网	液位计、流量计	无线物联网	二级
易涝点	电子水尺	无线物联网	二级
排涝泵站	控制设备、流量计、液位计	有线专网	三级
调蓄池	控制设备、流量计、液位计、视频	有线专网	二级
排涝沟渠	液位计、流量计	无线物联网	二级
河道、湖泊等受纳水体	水质仪表、液位计	无线物联网	二级
闸站	控制设备、水质仪表、流量计、液位计	有线专网	三级
所有对象	摄像头	有线视频网	二级
所有对象	办公电脑、移动终端	互联网	二级

2. 在线监测

排水（雨水）防涝领域在线监测需构建降雨、产汇流、排水全过程感知体系，为科学排水（雨水）防涝的实现提供基础的数据支撑。

降雨监测：监测不同区域的降水情况，包括降雨（雪）量和降雨（雪）强度，宜采集气象站观测数据和雨量站观测数据。

海绵监测：选择重点监测片区，并在片区内选择居住、公建、道路、绿地与广场等建设项目中一个或多个具有代表性的典型项目进行监测。

管网监测：雨水管网关键节点、大型排口应进行液位、流量等常规指标的监测。对于重要场所、交通主干道、人员密集区、装有监测仪器设备的检查井等宜设智能井盖。

易涝点监测：包括液位和视频监测。易涝点附近检查井可进行液位监测。

厂（站）监测：包括液位、流量、压力、水质、设备状态及环境监测。

一般设备除进行状态监测外，排涝泵闸等机组还应进行振动、摆度、脉动、位移、转速、温度等状态监测，用于大型机组的健康度评估和故障预测。实现设备健康状态评估，提前调度，减少排涝过程中出现设备故障造成事故。

环境监测除必要的视频、门禁、电子围栏外，对于厂（站）的有限空间、调蓄池也应进行温度、湿度、氧气浓度等的监测。

水体监测：大排水量排口应进行流量监测；河道、湖泊等关键断面进行水位监测。

排水(雨水)防洪领域在线监测指标配置宜参考表7-18，并应满足相关国家标准要求。

排水（雨水）防涝领域在线监测指标配置　　表7-18

监测对象	主要监测指标																	
	雨量	流量	液位	水质						环境			状态					
				化学需氧量	氨氮	总磷	固体悬浮物浓度	电导率	其他	环境温度	摄像头	有毒有害气体	启停	故障/正常	频率	振动	设备温度	噪声
降水量	■																	
海绵设施		▲					▲											
易涝点			■								■							
管网关键节点		▲	■					▲			▲							
调蓄池			■	▲	▲	▲						▲	■	■	■	■	■	▲
排涝泵站	▲	■	■						▲			▲	■	■	■	■	■	■
雨水排口		■	■	▲	▲	▲	■	▲										
河道水体			■	▲	▲						▲							
密闭空间												■						

注：“■”表示应覆盖；“▲”表示宜覆盖。

3. 数字化管理

排水（雨水）防涝领域数字化管理以物联网、大数据、CIM-water、移动互联网技术为基础，建立城市排水（雨水）防涝信息化管控平台，实现排水（雨水）防涝设施底数清楚、运行状况实时采集与传输、内涝风险预警预报、应急调度决策等，提高排水（雨水）防涝业务管理的高效性、科学性、共享性、协同性。

排水（雨水）防涝领域数字化管理的主要对象包括：

海绵城市数字化管理主要包括：低影响开发设施、海绵城市建设项目的运行管理等。对低影响开发设施、海绵城市建设项目关键环节进行监测，实现数据监测、巡检管理、考核评估，提高海绵城市建设效果。

管网数字化管理主要包括：在管网普查的基础上，参照《城市排水防涝设施数据采集与维护技术规范》GB/T 51187—2016，进行管网数据的标准化处理与整理入库。建立格式统一、信息全面、数据动态更新的信息库，建立产汇流分区，在管网发生过载、溢流等问题时，帮助管理人员确定事故来源及影响范围，提高事故处理效率。同时通过巡检管理、设备管理等实现管网资产的维护和养护。

厂站数字化管理主要内容包括调蓄池、雨水处理设施、堰闸、排涝泵站等的运行管理。对排涝泵站等生产管理进行梳理，借助物联网、SCADA 等技术，对排水状况进行实时监控，使应急抢修人员、运维人员、管理者能实时掌握管网运行状况，便于制定巡查维护计划、调度方案，有效指导方案决策。

排水（雨水）防涝领域以应急预案和内涝预警为指导，以防汛信息为依托，实现对城市内涝事件的高效处置和应对，将人防、物防、技防相结合，做好防汛应急准备工作，落实汛前、汛中、汛后全过程防控，降低城市内涝的影响和损失。

排水（雨水）防涝领域数字化管理技术应用具体要求宜参考表 7-19。

排水（雨水）防涝领域数字化管理技术应用具体要求　　表 7-19

对象	数据监测管理	巡检管理	设备管理	报警管理	安防管理	能耗管理	日常调度管理
海绵设施	■	■	■	■	■		
调蓄池	■	■	■	■	■	▲	■
雨水管（渠）道	■	■	▲	■	▲		■
排涝堰闸	■	■	■	■	■	▲	■
排涝泵站	■	■	■	■	■	■	■

续表

对象	数据监测管理	巡检管理	设备管理	报警管理	安防管理	能耗管理	日常调度管理
雨水排口		■		■	▲		■
水体		■		■	▲		

注："■"表示应覆盖；"▲"表示宜覆盖。

4. 智能化控制

排水（雨水）防涝领域控制环节相对简单，主要包括调蓄池、雨水处理设施、排涝堰闸以及排涝泵站，其中排涝堰闸控制主要依据内外水位进行调节。

调蓄池根据其工程目标进行雨水储存削峰，根据其工程特点，宜考虑泵组优化智能控制，在进行防涝调度时，调蓄池能根据要求快速切换运行工况。同时通过智能反冲洗清洗调蓄池淤泥。

雨水处理设施主要将雨水进行物化处理后进行回用或排放，根据具体工艺流程，絮凝沉淀工艺宜考虑智能加药和智能排泥。

排涝泵站智能控制主要包括：根据排涝泵站所服务的区域重要性设置调度优先级；在泵站完全可调度的条件下，采用平衡可行流调度排水或正失衡可行流排水；在泵站部分可调度的条件下，根据允许的最大排放量采用负失衡可行流调度排水；在泵站不可调度的条件下，维持原状；当有泵站的集水池中的水位超过紧急控制水位线时则需要对其进行紧急控制调度。

排水（雨水）防涝领域智能化控制技术应用具体要求宜参考表7-20。

排水（雨水）防涝领域智能化控制技术应用具体要求　　表7-20

子项	泵组优化智能控制	排涝智能控制	智能排泥
调蓄池	▲	■	▲
排涝泵站	■	■	

注："■"表示应覆盖；"▲"表示宜覆盖。

5. 智慧化决策

在排水（雨水）防涝方面，为降低内涝灾害对城市带来的影响，应用排水管网及地表二维水力模型，积极践行排水系统优化运维和联合调度、内涝预警等智慧化决策。

排水系统运维和调度决策围绕排水管网、海绵设施、泵站、调蓄池、闸阀等排水附属设施，通过排水机理模型、在线监测与GIS的集成，实现对排水生产运行状况的自动感知、过程分析、自动诊断、动态报警与信息共享，为排水运行监控、运维管理、优化调度和应急处置提供决策支撑。通过对排水管网的实时监测，构建水动力模型，识别雨污混接、外水入侵、管网淤堵等问题，进行排水管道诊断评估，了解管网缺陷类型和缺陷等级，进行管网养护、修复或更新决策，保障排水设施的安全性。

对排涝泵站、调蓄池、堰、闸等开展联合调度，对城市内涝情况进行监测、模拟、预测、预警，科学调度排水（雨水）防涝设施，合理利用排水（雨水）防涝设施的调蓄空间，减少城市内涝。

建立排水管网、河道与二维地表耦合模型，模拟雨水在城市下垫面的产、汇流过程，对不同情景降雨情况下的内涝风险、内涝水深、内涝时长进行模拟和预测，提前发布预警预报信息。

排水（雨水）防涝领域智慧决策技术应用具体要求参考表 7-21。

排水（雨水）防涝领域智慧决策技术应用具体要求　　表 7-21

对象	超大城市	特大城市	大城市	中等城市	Ⅰ型小城市	Ⅱ型小城市
排水管网破损渗漏诊断及修复改造决策	■	■	■	■	▲	▲
城镇排水（雨水）防涝应急决策	■	■	■	■	■	▲
供排水突发事故应急决策	■	■	■	▲	▲	▲

注："■"表示应覆盖；"▲"表示宜覆盖。

附　　录

附录 A　术语及缩略语

A.1　术　　语

智慧水务　smart water

通过新一代信息技术与水务专业技术的深度融合，充分挖掘数据价值，通过水务业务系统的数据资源化、管理数字化、控制智能化、决策智慧化，保障水务设施安全运行，使水务业务运营更高效、管理更科学和服务更优质。是推动水务行业实现碳中和目标、加快行业治理体系和治理能力现代化建设的重要途径。

智能　intelligent

以“物”为主体，按规则和逻辑来适应环境的各种行为能力。其特点是以“物”为主体，通常针对某一设备设施或某一控制环节。

智慧　smart

以“人＋物”为主体，运用知识和经验来作出判断和决策的能力。其特点是针对“人＋物”的复杂系统，如厂网河（湖）系统等。

在线监测　online monitoring

通过各类在线的传感器、仪器仪表采集各类水务业务实时数据。智慧水务要求在线监测实现全流程、全链条感知，为数字管理、智能控制和智慧决策提供数据支撑。

数字化管理　digital management

基于现代管理理念，运用数字技术结合日常管理，实现日常管理各环节的数字化统一，提升管理过程的监管和应对处理能力，提升管理效率和服务能力。

智能化控制　intelligent control

城镇智慧水务系统的智能控制，主要是通过大数据、云计算、人工智能等新兴信息技术，获得最佳运行参数，并向自动控制系统发出指令，在无人干预情况下使水务生产过程达到更优化、更可靠、更高效的运行目标。

智慧化决策　smart decision-making

智慧化决策是针对城镇供排水系统多设施、多维度、多目标的复杂业务场景，通过模拟仿真、预警预测、智能诊断等方法，实现复杂水务业务的预判规划、优化调度、应急管理及情景分析，辅助制定科学、精准、有效的决策方案，提升城镇水务行业生产、调度、管理和服务水平。

城镇供水　water supply system

对涵盖水源、净水厂站、输配管网、加压调蓄等环节的给水系统的统称。

城镇水环境　wastewater system

对涵盖排水户、污水收集管网、污水处理厂站、面源污染削减设施、尾水排放口（再生水补水口）、受纳水体等环节的污水系统的统称。

排水（雨水）防涝　rainwater system

对涵盖海绵设施、雨水收集管网、雨水调蓄设施、排涝泵站、河渠堰闸等环节的雨水系统的统称。

地理信息系统　geographic information system

在计算机软硬件环境支持下，对地理空间数据进行采集、处理、存储、检索、分析和表达的技术系统。

空间数据库　spatial database

应用数据库技术对空间数据进行科学的组织和管理的硬件与软件系统，是地理信息系统的核心部分。

数据采集　data acquisition

使用RTK、全站仪、航空摄影测量、卫星遥感、地图扫描矢量化和传感器监测等仪器和方法，获取基础地理、管网设施、业务管理等数据的过程。

数据整合　data consolidation

基于统一的空间基准、时间基准，对数据资源在空间、时序、比例尺上进行整理、清洗、转换等操作的数据集成方式。

数据更新　data update

通过新增、删除、修改、插入等操作来实现对数据文件或数据库中与之相对应的旧数据项更改或替换的过程。

设施编码　facilities coding

将管网设施及其相关要素赋予具有一定规律的、可利用计算机进行处理和分析的符号。

A.2 缩 略 语

CIM：City Information Modeling，城市信息模型。

CIM-water：Water System Information Modeling of CIM，城镇水务信息模型。

BIM：Building Information Modeling，建筑信息模型。

GIS：Geographic Information System，地理信息系统。

DMA：District Metering Area，独立计量区域。

CSO：Combined Sewage Overflow，合流污水溢流。

DEM：Digital Elevation Model，数字高程模型。

COD：Chemical Oxygen Demand，化学需氧量。锰法（COD_{Mn}）适用于污染比较轻微的水体或者清洁水体；铬法（COD_{Cr}）适用于污水以及工业废水。

BOD_5：Biochemical Oxygen Demand，五日生物化学需氧量。

TP：Total Phosphorous，总磷。

TN：Total Nitrogen，总氮。

SS：Suspended Sediment，悬浮物。

NH_3-N：氨氮，是指以氨或铵离子形式存在的化合氮。

NO_3-N：硝态氮，是指以硝酸根或亚硝酸根离子形式存在的化合氮。

DO：Dissolved Oxygen，溶解氧。

ORP：Oxidation-Reduction Potential，氧化还原电位。

MLSS：Mixed Liquid Suspended Solids，混合液悬浮固体浓度。生物反应池中表示活性污泥浓度。

pH：Hydrogen Ion Concentration，氢离子浓度指数（酸碱度）。

AI：Artificial Intelligence，人工智能，是研究、开发用于模拟、延伸和扩展人的智能的理论、方法、技术及应用系统的一门新的技术科学。

API：Application Programming Interface，应用编程接口，是软件系统不同组成部分衔接的约定。

IoT：Internet of Things，即“万物相连的互联网”，是互联网基础上的延伸和扩展的网络，将各种信息传感设备与网络结合起来而形成的一个巨大网络，实现任何时间、任何地点，人、机、物的互联互通。

ICT：Information and Communications Technology，指覆盖了水务系统中所有通信设备或相关应用软件，比如智能网关、服务器和虚拟化软件等。

SCADA：Supervisory Control and Data Acquisition，以计算机为基础的生产过程控制与调度自动化系统。

附录 B　常见在线监测产品对比表

常见在线监测产品对比　　表 B.1

监测技术	设备类型	应用场景	测量精度	价格	优缺点
降水量监测	翻斗式雨量计	防洪、供水调度	低	中	优点：时间准确、自动记录数据、便于数据采集整编处理。 缺点：雨量测量精度较差，测量误差大小随雨强变化较大
	虹吸式雨量计	气象台（站）、水文站	中	中	优点：测量数据准确，可记录全天的降雨过程。 缺点：不能用于无人值守的站点
	融雪型雨雪量计	气象台（站）	高	高	优点：机械式计量不易损坏，调试简单。 缺点：桶内温度过低时，会导致加热产生的水汽凝结，降低监测精度
	称重式雨雪量计	降水总量、雨强	较高	高	优点：工作温度范围宽，不易受环境因素影响。 缺点：对设备基础的稳定性要求较高
流量监测	超声波多普勒流量计	明渠、管涵	高	高	优点：不受测量液体温度、黏度、密度或压力等因素的影响。 缺点：精度会受颗粒尺寸分布和浓度影响
	雷达流量计	水库闸口、河道、灌渠、地下排水管网	低	中	优点：对干扰回波具有抑制功能，测量准确安全。 缺点：精度差，低流速无法测量
	超声波时差法流量计	管渠、涵洞、河道	较高	中	优点：无压力损失，不受被测流体热物性参数的影响，适用范围广。 缺点：可靠性、精度等级不高，重复性差，受杂物影响较大
	电磁流量计	满管流、水厂工艺段	较高	高	优点：灵敏度高，量程范围极宽，不受被测介质的温度、黏度、密度及电导率（在一定范围内）的影响。对环境的适应性强，寿命较长。 缺点：对强磁环境下会产生一定干扰，功耗较大，小流量测量精度较差
	机械式水表	管网	低	低	优点：安装简单，经济耐用，对环境的适应性强。 缺点：精度较低，抄表不便利

续表

监测技术	设备类型	应用场景	测量精度	价格	优缺点
流量监测	螺翼式水表	管网	低	低	优点：水表流通能力大、压力损失小；可不停水不拆表进行安装维修。 缺点：精度低
	超声波水表	管网	较高	较高	优点：测量精度高，灵敏度高，维护方便，水质适应强。 缺点：对流场敏感度高；跟踪流量变化能力弱；低功耗外壳保护IP设计难度大。超声波水表稳定性低，如介质中含有气泡，易受气泡、水垢和水温的影响
	电磁式水表	管网	高	高	优点：测量精度高，灵敏度高，测量范围广；使用周期较长。 缺点：电磁感应原理确定功耗较大；造价成本较高
液位监测	电子水尺	水利工程、市政工程	低	低	优点：抗干扰能力较强，模式可更改。 缺点：机械加工复杂，运行阻力大
	压力式液位计	供排水管网、污水处理、水库、河道	中	较低	优点：灵敏度高，对环境的适应性强。 缺点：压力探头易受泥沙及杂物堵塞，使测量精度受影响
	气泡式液位计	管网、河湖	高	中	优点：测量精度高，免维护，抗振动，寿命长。 缺点：机械调压器易磨损，需经常调整
	超声波液位计	管网、河湖	中	中	优点：非接触测量，不受水体污染，不破坏水流结构。 缺点：有测量盲区，受介质成分和浓度影响
	雷达液位计	管网、明渠	高	高	优点：非接触测量，寿命长，易维护且测量与水质无关。 缺点：有测量盲区，波束角内导体会产生干扰
水质监测	国标法	城镇水系、供排水管网、污水处理	高	较高	优点：检出率高、数据准确、重复性好，监测数据具有法律效力。 缺点：试剂使用剂量大、易造成二次污染，要求检测人员具备相当的专业技能，基建成本高且对监测环境存在空间要求，操作繁琐周期长，难以大批量快速测定
	非标法	城镇水系、供排水管网	中	中	优点：多采用物理技术，可避免二次污染，可进行多指标的集成测定，监测产品轻量化、便携化，监测数据时效性强、便于高效管理，对于相同监测指标较国标法有整体成本优势。 缺点：测量精度较国标法略低，需对监测设备进行定期运维及数据校准

附录 C　净水厂主要工艺段监测指标配置表

净水厂主要工艺段监测指标配置　　**表 C.1**

监测对象	主要监测指标												
	流量	液位	压力	浊度	余氯	DO	pH/水温	余臭氧	污泥浓度	气量	电导率	污泥含水率	上清液SS
配水井及前臭氧池	■			■		▲	■	▲			▲		
絮凝沉淀池	■			■					■				
砂滤池				■									
反冲洗泵房	■		■							■			
中间提升泵房	▲	■											
后臭氧接触池								■					
活性炭滤池				■									
超滤膜车间	■			■					■				
清水池	■				■								
送水泵房	■		■	■	■								
加药间	■												
污泥浓缩池	■											▲	▲
污泥脱水车间	■											▲	

注：“■”表示应覆盖；“▲”表示宜覆盖。

附录D　污水处理厂主要工艺段监测指标配置表

污水处理厂主要工艺段监测指标配置　　表D.1

监测对象	监测对象														
	流量	液位或泥位	SS	COD	NH_3-N	NO_3-N	TN	TP	DO	ORP	供气量	污泥浓度	污泥排放量	进出泥含水率	压力
粗格栅及进水泵房		■													■
细格栅及沉砂池	■		■	■	■		■	■	■	■					
初沉池		▲	■										■		
生化池	■			■	■	■			■	■	■	■			
二沉池及污泥泵房		■		■								■	■		
深度处理沉淀池	■	■						■				■	■		
深度处理滤池			■			■			■						
消毒池	■	▲													
尾水或再生水泵房	■	▲	■	▲				■							■
尾水计量监测	■		■	■	■		■	■							
污泥浓缩	■	▲												▲	
污泥脱水	■													▲	

注：“■”表示应覆盖；“▲”表示宜覆盖。

附录E 数 字 资 源

国家公开发布文件

1. 国家公开发布文件

[1]《中共中央　国务院关于完整准确全面贯彻新发展理念做好碳达峰碳中和工作的意见》(中发〔2021〕36号)

[2]《住房和城乡建设部　国家发展改革委关于印发“十四五”全国城市基础设施建设规划的通知》(建城〔2022〕57号)

[3]《国务院关于印发“十四五”数字经济发展规划的通知》(国发〔2021〕29号)

[4]《中共中央　国务院关于构建数据基础制度更好发挥数据要素作用的意见》

[5]《中共中央　国务院印发〈数字中国建设整体布局规划〉》

[6]《发展改革委　工业和信息化部　科学技术部　公安部　财政部　国土资源部　住房城乡建设部　交通运输部关于促进智慧城市健康发展的指导意见的通知》(发改高技〔2014〕1770号)

[7]《住房和城乡建设部办公厅关于印发〈城市信息模型(CIM)基础平台技术导则〉的通知》(建办科〔2020〕45号)

[8]《住房和城乡建设部办公厅　国家发展改革委办公厅关于加强公共供水管网漏损控制的通知》(建办城〔2022〕2号)

2. 地方颁布的智慧城市及智慧水务相关政策一览

地方颁布的智慧城市及智慧水务相关政策一览

[1]《北京市大数据工作推进小组关于印发〈北京市“十四五”时期智慧城市发展行动纲要〉的通知》(京大数据发〔2021〕1号)

[2]《上海市人民政府关于进一步加快智慧城市建设的若干意见》

[3]《上海市水务局关于印发〈上海市水务局2020年“一网统管”暨城运系统水务专题2.0版工作要点〉的通知》

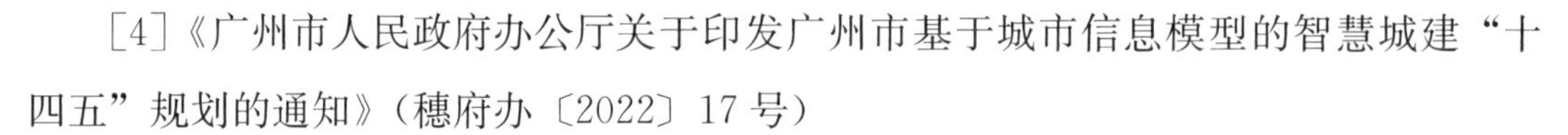
[4]《广州市人民政府办公厅关于印发广州市基于城市信息模型的智慧城建“十四五”规划的通知》(穗府办〔2022〕17号)

[5]《深圳市人民政府关于印发新型智慧城市建设总体方案的通知》（深府〔2018〕47号）

[6]《深圳市人民政府关于加快智慧城市和数字政府建设的若干意见》（深府〔2020〕89号）

[7]《湖北省人民政府关于加快推进智慧湖北建设的意见》（鄂政发〔2015〕52号）

[8]《陕西省人民政府办公厅关于加快推进全省新型智慧城市建设的指导意见》（陕政办发〔2018〕47号）

[9]《河南省人民政府办公厅关于加快推进新型智慧城市建设的指导意见》（豫政办〔2020〕27号）

[10]《河北省人民政府办公厅关于加快推进新型智慧城市建设的指导意见》（〔2019〕-14）

[11]《长沙市人民政府关于印发〈长沙市新型智慧城市建设管理应用办法〉的通知》

3. 智慧水务相关国家、行业、团体标准一览

智慧水务相关国家、行业、团体标准一览

4. 水务企业业务架构参考

水务企业业务架构参考

5. 城镇智慧水务技术指南解读

城镇智慧水务技术指南解读

参 考 资 料

规范性引用文件：

（1）总论

［1］中国城镇供水排水协会. 城镇水务 2035 年行业发展规划纲要［M］. 北京：中国建筑工业出版社，2021.

［2］中国城镇供水排水协会. 城镇水务系统碳核算与减排路径技术指南［M］. 北京：中国建筑工业出版社，2022.

［3］中国城镇供水排水协会. 城镇水务行业智慧水务调研分析报告（2020 年）［M］. 北京：中国环境出版社，2021.

（2）总体设计

［1］国家市场监督管理总局，国家标准化管理委员会. 智慧城市　顶层设计指南：GB/T 36333—2018［S］. 北京：中国标准出版社，2018.

［2］中国工程建设标准化协会. 城市智慧水务总体设计标准：T/CECS 1199—2022［S］. 北京：中国建筑工业出版社，2023.

［3］中国测绘学会智慧城市工作委员会. 智慧水务应用与发展［M］. 北京：中国电力出版社出版，2021.

（3）建筑信息模型 BIM

［1］中华人民共和国住房和城乡建设部，国家市场监督管理总局. 建筑信息模型设计交付标准：GB/T 51301—2018［S］. 北京：中国建筑工业出版社，2018.

［2］中华人民共和国住房和城乡建设部. 建筑工程设计信息模型制图标准：JGJ/T 448—2018［S］. 北京：中国建筑工业出版社，2018.

［3］中国工程建设标准化协会. 市政给水工程建筑信息模型设计信息交换标准：T/CECS 1221—2022［S］. 北京：中国建筑工业出版社，2023.

［4］上海市政工程设计研究总院（集团）有限公司. 市政给水排水工程 BIM 技

术［M］．北京：中国建筑工业出版社，2018.

（4）地理信息系统 GIS

［1］中华人民共和国国家质量监督检验检疫总局，国家标准化管理委员会．质量管理体系　要求：GB/T 19001—2016［S］．北京：中国标准出版社，2017.

［2］国家市场监督管理总局，国家标准化管理委员会．基础地理信息数据质量要求与评定：GB/T 41149—2021［S］．北京：中国标准出版社，2021.

［3］中华人民共和国国家质量监督检验检疫总局，国家标准化管理委员会．地理空间数据交换格式：GB/T 17798—2007［S］．北京：中国标准出版社，2007.

［4］中华人民共和国国家质量监督检验检疫总局，国家标准化管理委员会．城市地理信息系统设计规范：GB/T 18578—2008［S］．北京：中国标准出版社，2007.

［5］国家市场监督管理总局，国家标准化管理委员会．基础地理信息要素分类与代码：GB 13923—2022［S］．北京：中国标准出版社，2022.

［6］中华人民共和国国家质量监督检验检疫总局，国家标准化管理委员会．基础地理信息标准数据基本规定：GB 21139—2007［S］．北京：中国标准出版社，2008.

［7］中华人民共和国住房和城乡建设部．城市地理空间框架数据标准：CJJ/T 103—2013［S］．北京：中国建筑工业出版社，2014.

［8］中华人民共和国住房和城乡建设部．城市综合地下管线信息系统技术规范：CJJ/T 269—2017［S］．北京：中国建筑工业出版社，2017.

［9］国家市场监督管理总局，国家标准化管理委员会．地下管线要素数据字典：GB/T 41455—2022［S］．北京：中国标准出版社，2022.

［10］中华人民共和国住房和城乡建设部．城市排水防涝设施数据采集与维护技术规范：GB/T 51187—2016［S］．北京：中国建筑工业出版社，2016.

［11］中华人民共和国国家质量监督检验检疫总局，国家标准化管理委员会．测绘成果质量检查与验收：GB/T 24356—2009［S］．北京：中国标准出版社，2009.

［12］中华人民共和国住房和城乡建设部．城市地下管线探测技术规程：CJJ 61—2017［S］．北京：中国建筑工业出版社，2017.

［13］国家测绘地理信息局．管线要素分类代码与符号表达：CH/T 1036—2015［S］．北京：测绘出版社，2015.

［14］中华人民共和国住房和城乡建设部．城镇供水管理信息系统　基础信息分类与编码规则：CJ/T 541—2019［S］．北京：中国标准出版社，2019.

（5）在线监测

［1］中华人民共和国住房和城乡建设部．城镇供水水质在线监测技术标准：CJJT 271—2017［S］．北京：中国建筑工业出版社，2017.

［2］上海市政工程设计研究总院（集团）有限公司．给水排水设计手册第 3 册　城镇给水［M］．3 版．北京：中国建筑工业出版社，2017.

［3］国家市场监督管理总局，国家标准化管理委员会．生活饮用水卫生标准：GB 5749—2022［S］．北京：中国标准出版社，2023.

［4］国家技术监督局，中华人民共和国卫生部．二次供水设施卫生规范：GB 17051-1997［S］．北京：中国标准出版社，1998.

［5］中华人民共和国住房和城乡建设部．二次供水工程技术规程：CJJ 140—2010［S］．北京：中国建筑工业出版社，2010.

［6］中华人民共和国住房和城乡建设部．城镇供水管网运行、维护及安全技术规程：CJJ 207—2013［S］．北京：中国建筑工业出版社，2014.

［7］中华人民共和国住房和城乡建设部．民用建筑远传抄表系统：JG/T 162—2017［S］．北京：中国标准出版社，2018.

［8］中华人民共和国住房和城乡建设部，国家市场监督管理总局．室外给水设计标准：GB 50013—2018［S］．北京：中国计划出版社，2018.

［9］广东省住房和城乡建设厅．城镇排水管网动态监测技术规程：DBJ/T 15-198—2020［S］北京：中国建筑工业出版社，2020.

［10］中国工程建设标准化协会．城镇排水管网在线监测技术规程：T/CECS 869—2021［S］．北京：中国建筑工业出版社，2021.

［11］中华人民共和国住房和城乡建设部，国家市场监督管理总局．海绵城市建设评价标准：GB/T 51345—2018［S］．北京：中国建筑工业出版社，2018.

［12］上海市市场监督管理局．城市供水管网运行安全风险监测技术规范：DB31/T 1333—2021［S］．北京：中国标准出版社，2022.

（6）智能控制

［1］国家市场监督管理总局，国家标准化管理委员会．信息技术　人工智能　术语：GB/T 41867—2022［S］．北京：中国标准出版社，2023.

［2］刘金琨．智能控制——理论基础、算法设计与应用［M］．北京：清华大学出版社，2019.

［3］刘明堂．模式识别［M］．北京：电子工业出版社，2021.

［4］Thomas H. Cormen 等．算法导论［M］．3 版．殷剑平等，译．北京：机械工业出版社，2021.

［5］孙培德，陈一波，王剑乔，等．活性污泥法污水处理厂数字化与智能控制［M］．北京：化学工业出版社，2014.

（7）智慧决策

［1］陈国扬，陶涛，沈建鑫．供水管网漏损控制［M］．北京：中国建筑工业出版社，2017.

［2］白晓慧，孟明群，舒诗湖，等．城镇供水管网数字水质研究与应用［M］．上海：上海科学技术出版社，2016.

［3］陈吉宁，赵冬泉．城市排水管网数字化管理理论与应用［M］．北京：中国建筑工业出版社，2010.

［4］施汉昌，邱勇．污水生物处理的数学模型与应用［M］．北京：中国建筑工业出版社，2014.

［5］Mogens Henze 等．污水生物处理-原理、设计与模拟［M］．2 版．陈光浩等，译．北京：中国建筑工业出版社，2008.

［6］彭文启，刘晓波，周洋．河湖水污染事件应急预警预报方法与技术［M］．北京：中国水利水电出版社，2016.

［7］褚德义，杨林海，王振龙，等．多水源联合配置与供水安全保障综合利用技术［M］．北京：中国水利水电出版社，2017.

［8］中国城镇供水排水协会．城镇供水厂、污水处理厂自动化技术指南［M］．北京：中国建筑工业出版社，2015.

［9］彭永臻．SBR 法污水生物脱氮除磷及过程控制［M］．北京：科学出版社，2011.

［10］智慧水务信息系统建设与应用指南编委会．智慧水务信息系统建设与应用指南［M］．北京：中国城市出版社，2016.

［11］中国工程建设标准化协会．城市供水监管中大数据应用技术指南：T/CECS 20004—2020［S］．北京：中国计划出版社，2020.

［12］中国工程建设标准化协会．城市供水信息系统基础信息加工处理技术指南：T/CECS 20002—2020［S］．北京：中国计划出版社，2020.

[13] 中华环保联合会. 城镇排水系统 厂、站、网一体化运行监测与智能化管理技术规程：T/ACEF 030—2022 [S]. 北京：中国建筑工业出版社，2022.

[14] 中国工程建设标准化协会. 城镇内涝防治系统数学模型构建和应用规程：TCECS 647—2019 [S]. 北京：中国建筑工业出版社，2019.

[15] 中华人民共和国住房和城乡建设部. 城镇供水管网漏损控制及评定标准：CJJ 92—2016 [S]. 北京：中国建筑工业出版社，2016.

[16] 中国勘察设计协会. 城镇供水管网漏损控制分区及压力管理技术规程：T/CECA 20015—2022 [S]. 北京：中国建筑工业出版社，2022.

[17] 中华人民共和国住房和城乡建设部. 城镇供水管网运行、维护及安全技术规程：CJJ 207—2013 [S]. 北京：中国建筑工业出版社，2014.

[18] 中华人民共和国住房和城乡建设部. 城镇给水管道非开挖修复更新工程技术规程：CJJ/T 244—2016 [S]. 北京：中国建筑工业出版社，2016.

[19] 中华人民共和国住房和城乡建设部. 城镇供水管网抢修技术规程：CJJ/T 226—2014 [S]. 北京：中国建筑工业出版社，2014.

[20] 中华人民共和国住房和城乡建设部. 城镇排水管渠与泵站运行、维护及安全技术规程：CJJ 68—2016 [S]. 北京：中国建筑工业出版社，2016.

[21] 中华人民共和国住房和城乡建设部. 城镇排水管道非开挖修复更新工程技术规程：CJJ/T 210—2014 [S]. 北京：中国建筑工业出版社，2014.

[22] 中国工程建设标准化协会. 城镇排水管道混接调查及治理技术规程：T/CECS 758—2020 [S]. 北京：中国计划出版社，2021.

[23] 中华人民共和国住房和城乡建设部. 城镇污水处理厂运行、维护及安全技术规程：CJJ 60—2011 [S]. 北京：中国建筑工业出版社，2011.

[24] 中华人民共和国住房和城乡建设部，中华人民共和国国家质量监督检验检疫总局. 城镇内涝防治技术规范：GB 51222—2017 [S]. 北京：中国计划出版社，2017.

[25] 中华人民共和国住房和城乡建设部，中华人民共和国国家质量监督检验检疫总局. 城镇雨水调蓄工程技术规范：GB 51174—2017 [S]. 北京：中国计划出版社，2017.

[26] 中华人民共和国住房和城乡建设部. 城镇排水管道检测与评估技术规程：CJJ 181—2012 [S]. 北京：中国建筑工业出版社，2012.

［27］中华人民共和国住房和城乡建设部．城镇排水管道维护安全技术规程：CJJ 6-2009［S］．北京：中国建筑工业出版社，2009.

［28］中华人民共和国国家质量监督检验检疫总局，国家标准化管理委员会．水域纳污能力计算规程：GB/T 25173—2010［S］．北京：中国标准出版社，2010.

（8）信息安全

［1］中华人民共和国国家质量监督检验检疫总局，国家标准化管理委员会．信息安全技术 信息系统灾难恢复规范：GB/T 20988—2007［S］．北京：中国标准出版社，2007.

［2］中华人民共和国国家质量监督检验检疫总局，国家标准化管理委员会．信息安全技术 网络安全等级保护基本要求：GB/T 22239—2019［S］．北京：中国标准出版社，2019.

［3］国家市场监督管理总局，中国国家标准化管理委员会．信息安全技术　网络安全等级保护定级指南：GB/T 22240—2020［S］．北京：中国标准出版社，2020.

［4］国家市场监督管理总局，国家标准化管理委员会．信息安全技术　网络安全等级保护安全设计技术要求：GB/T 25070—2019［S］．北京：中国标准出版社，2019.

［5］国家市场监督管理总局，国家标准化管理委员会．信息安全技术　网络安全等级保护测评要求：GB/T 28448—2019［S］．北京：中国标准出版社，2019.

［6］中华人民共和国国家质量监督检验检疫总局，国家标准化管理委员会．信息安全技术 工业控制系统安全控制应用指南：GB/T 32919—2016［S］．北京：中国标准出版社，2016.

［7］中华人民共和国国家质量监督检验检疫总局，国家标准化管理委员会．信息安全技术个人信息安全规范：GB/T 35273—2020［S］．北京：中国标准出版社，2020.

［8］中华人民共和国住房和城乡建设部，中华人民共和国国家质量监督检验检疫总局．数据中心设计规范：GB 50174—2017［S］．北京：中国计划出版社，2017.

（9）大数据与云技术

［1］汪俊亮，张洁，吕佑龙，等．工业大数据分析［M］．北京：电子工业出版社，2022.